Etimad Alattar
Khitam Elwasife
Eqbal Radwan

Wpływ promieniowania telefonu komórkowego na zdrowie

Etimad Alattar
Khitam Elwasife
Eqbal Radwan

Wpływ promieniowania telefonu komórkowego na zdrowie

I funkcje ślinian

Wydawnictwo Bezkresy Wiedzy

Imprint

Cover image: www.ingimage.com

Publisher:
Wydawnictwo Bezkresy Wiedzy
is a trademark of
International Book Market Service Ltd., member of OmniScriptum Publishing Group
17 Meldrum Street, Beau Bassin 71504, Mauritius

Printed at: see last page
ISBN: 978-620-2-44699-0

Wpływ promieniowania telefonu komórkowego na zdrowie

Etimad M. Alattar

Khitam Y. Elwasife

Eqbal S. Radwan

Hadeer Abu Warda

Mohammed Abujami

Podziękowania

Nasze najgłębsze i najgłębsze podziękowania należą się pracownikom wydziału **biologii i biotechnologii oraz fizyki** Islamskiego Uniwersytetu w Gazie. Za ich stałe wsparcie, hojną pomoc i owocne, konstruktywne sugestie.

Nasz szczególny dług zawdzięczamy wybitnym pracownikom Wydziału **Chemii**, którzy nie szczędzili wysiłków w celu wsparcia obecnych badań niezbędnym sprzętem w kolejnych etapach badań.

Specjalne serdeczne podziękowania i szczere podziękowania dla **ośrodka dla głuchoniemych** w IUG oraz dla wszystkich **studentów-wolontariuszy** za zapewnienie im śliny i czasu na wypełnienie kwestionariusza.

Streszczenie

Wprowadzenie: W ostatnich latach powszechne korzystanie z telefonów komórkowych wywołało wiele pytań, czy ich użytkowanie jest bezpieczne dla użytkownika, który jest narażony na działanie fal elektromagnetycznych.

Cel: Głównym celem było określenie wpływu promieniowania telefonu komórkowego na ogólne zdrowie i elektrolity wśród uczniów korzystających z telefonów komórkowych.

Materiały i metody: Opracowano i zastosowano kwestionariusz dla 103 zdrowych i 36 głuchych uczennic, aby wybrać przypadki spełniające kryteria włączenia. Do oceny parametrów ślinotokowych uczestników podzielono na trzy grupy. Grupa I była grupą kontrolną, w skład której wchodziło 17 głuchoniemych studentów. Grupa II to zdrowi uczniowie, którzy mają telefon komórkowy przez mniej niż 5 lat. Grupa III to zdrowi studenci, którzy mają telefon komórkowy przez 5 lub więcej lat.

Wyniki: Niniejsze badanie wykazało, że uczestnicy korzystający z telefonu komórkowego mieli kilka problemów zdrowotnych, w tym suchość w ustach, przykry zapach z ust, ślinotok, a także ból uszu i oczu. Uczestnicy korzystający z telefonu komórkowego skarżyli się na ból głowy, lęk i zapomnienie w porównaniu z uczestnikami głuchymi. Badania wykazały, że we wszystkich badanych grupach nie stwierdzono istotnej różnicy między pH a prędkością przepływu śliny. Badanie to wykazało również, że poziom śliny Na+ i K+ był znacznie niższy u użytkowników telefonów komórkowych w porównaniu z osobami nie korzystającymi z telefonów komórkowych.

Słowa kluczowe: Promieniowanie elektromagnetyczne, telefon komórkowy, elektrolity, natężenie przepływu, ślina stymulowana, ślina niestymulowana, zdrowie człowieka.

Spis treści

Lista tabel

Lista danych liczbowych

Lista skrótów

Skrót	Pełna nazwa
EMR	Promieniowanie elektromagnetyczne
RF	Częstotliwość radiowa
WHO	Światowa Organizacja Zdrowia
SAR	wskaźnik absorpcji próbki

Chapter 1
Wprowadzenie

Rozdział 1

Wprowadzenie

1.1. Przegląd

W skali globalnej, w ciągu ostatnich dwóch dekad, nastąpił ogromny wzrost wykorzystania telefonów komórkowych, co spowodowało wzrost narażenia na promieniowanie elektromagnetyczne w naszym życiu. Telefon komórkowy jest najbardziej rozpowszechnioną na świecie telekomunikacją, a jego używanie nie ogranicza się do osób dorosłych, ale do osób należących do wszystkich grup wiekowych, zwłaszcza nastolatków i dzieci. Ze względu na swoje zalety, urządzenie to w ostatnich latach rozwinęło się wykładniczo. Ponieważ telefon komórkowy znajduje się bardzo blisko głowy użytkowników, zwiększona została uwaga na niekorzystny wpływ promieniowania emitowanego przez te urządzenia na zdrowie.

Promieniowanie elektromagnetyczne można podzielić na dwa rodzaje: promieniowanie jonizujące i niejonizujące, w oparciu o które jest zdolne do jonizowania lub niejonizowania atomów, molekularnych i rozbijania wiązań chemicznych (Smitha i in., 2013; Adhauliya i in., 2015). Telefony komórkowe wysyłają i odbierają informacje oraz wykorzystują promieniowanie elektromagnetyczne, niejonizujące w zakresie mikrofalowym (fale radiowe [RF] i mikrofale) (Adhauliya i in., 2015; Varghese i in., 2018). Promieniowanie niejonizujące obejmuje pola elektryczne i magnetyczne, fale radiowe, mikrofale, podczerwień, ultrafiolet i promieniowanie widzialne.

Promieniowanie elektromagnetyczne emitowane przez telefon komórkowy oddziałuje w szczególności na wszystkie żywe układy i wpływa na komórki, tkanki i organy, a także może zaburzać ich funkcje (Adhauliya i in., 2015; Alattar i in., 2017 i 2018). Promieniowanie elektromagnetyczne dotyczy na przykład pszczół (Sharma i Kumar, 2010), mrówek (Cammaerts i in., 2013), ssaków (Benlaidi i El Kharroussi, 2011), a nawet muszek owocowych (Panagopoulos, 2012). Wpływ promieniowania elektromagnetycznego na systemy żywe zależy od kilku czynników, takich jak poziom mocy, czas trwania ekspozycji, częstotliwość, fala impulsowa lub ciągła oraz właściwości narażonej tkanki (Akbal i in., 2012).

Biologiczne skutki promieniowania telefonu komórkowego na organizm człowieka można podzielić na dwie części: skutki termiczne i skutki nietermiczne. Efekt termiczny to taki, w którym występuje na wysokich częstotliwościach, gdzie promieniowanie o częstotliwości radiowej ma właściwości rozgrzewające, które powodują wzrost temperatury tkanki lub ciała, a w końcu mogą powodować zaburzenia funkcji komórek. Drugi efekt - efekt nietermiczny - wynika z bezpośredniego stabilizującego oddziaływania pola elektrycznego z cząsteczkami polarnymi bez wzrostu temperatury. Nietermiczne działanie promieniowania powoduje zaburzenie integralności błony komórkowej w wyniku przejścia elektrycznie wstrząsającego prądu wirowego powstającego w wyniku pochłaniania promieniowania przez ciało. Ponadto powoduje on dysfunkcję śródbłonka, zmiany w barierze krew-mózg, efekty transdukcji sygnału komórkowego, a także wady pobudliwości układu nerwowego (Agarwal i in., 2011).

Badania eksperymentalne nad skutkami promieniowania telefonów komórkowych są bardzo szerokie i niejednorodne. Obejmują one zarówno badania hodowli komórkowych i tkanek (in vitro) oraz zwierząt laboratoryjnych (in vivo), jak i ludzi. Ostatnio przeprowadzone badania wykazały, że długotrwałe korzystanie z telefonów komórkowych może szkodzić zdrowiu (Smitha i in., 2013). Wiąże się to z bólami głowy i zawrotami głowy (Agarwal i in., 2008), spadkiem liczby plemników i mobilności (Avendano i in., 2012), zaburzeniami snu i rytmu okołodobowego (Singh i Pati, 2016), utratą pamięci (Cech i in., 2008), obniżeniem funkcji immunologicznych, wyższym ciśnieniem krwi i zmniejszeniem zdolności naprawy DNA (Tyagi i in., 2011) Wraz ze wzrostem wykorzystania telefonów komórkowych, D'Costa i in. (2003) oraz Kramarenko i Tan (2003) zaobserwowali przemienność wzorca elektroencefalografu i funkcji neuroendrokrynowych. Wykazano również, że korzystanie z telefonów komórkowych zmienia wydzielanie hormonów, co może prowadzić do zmiany proliferacji komórek (Röösli i in., 2007).

Spośród tysięcy artykułów na temat biologicznych skutków promieniowania telefonów komórkowych, niewiele jest badań dotyczących wpływu tego promieniowania na elektrolity i funkcje ślinianek. Szczególną uwagę zwrócono na wpływ promieniowania telefonów komórkowych na sprawność psychoruchową człowieka (Curcio, 2018), funkcję tarczycy (Baby i in., 2018), zdrowie jamy ustnej (Dagli i Hans, 2015), komórki nerkowe (Mahmoudi i in., 2018), błony śluzowe jamy ustnej (Hintzsche i Stopper, 2010), zmienność rytmu serca (Misek i in., 2010), 2018), systemy reprodukcyjne (Altun i in., 2018), masa urodzeniowa noworodków i stan zdrowia niemowląt (Lu i in., 2017), podtypy chłoniaków (Satta i in., 2018), struktury orofacialne (Mishra i in., 2017; Mishra i Chowdhary, 2018), praca i wydajność pamięci (Zubko i in., 2017; Brzozek i in., 2018). Ponadto, Volkow et al. (2011), badał wpływ narażenia na sygnał o częstotliwości radiowej telefonu komórkowego na metabolizm glukozy w mózgu, Dabla i Singh (2016) na prędkość przewodzenia nerwów średnich. Ponadto, Byun i in. (2013), zbadali związek między korzystaniem z telefonu komórkowego a objawami zaburzenia koncentracji uwagi (ADHD).

Na zwierzętach przeprowadzono również uniwersalne badania promieniowania z telefonów komórkowych. Szczury były jednym z tych zwierząt, u których prowadzono intensywne badania. Na przykład Kaur i Khera (2018) badali wpływ promieniowania telefonu komórkowego na przysadkę mózgową i parametry biochemiczne u szczurów albinosów. Szczególny nacisk położono również na wpływ promieniowania telefonów komórkowych na plemniki (Oh i in., 2018), funkcje jąder (Farag i Yousry, 2018), strukturę i funkcje mózgu (Saikhedkar rt al., 2014), tarczyce (Gupta i Gautam, 2017), guzy serca (Falcioni i in., 2018), poziom lęku (Esmaili i in., 2017) oraz na czynniki krwi (Shojaeifard i in., 2018). Ponadto, Wyde i in. (2018) badali wpływ promieniowania telefonów komórkowych na temperaturę ciała gryzoni.

W ciągu ostatnich kilku lat naukowcy próbowali określić znaczenie składników ślinianki jako biomarkerów złośliwości, toksyczności leków, chorób ogólnoustrojowych, zaburzeń równowagi hormonalnej i chorób zakaźnych (Kaufmann i Lamster, 2002). Pomimo wyżej wymienionych badań, osiągnięto bardzo niewiele badań, aby podkreślić wpływ promieniowania elektromagnetycznego emitowanego przez stacje bazowe telefonii komórkowej, Wi-Fi i urządzenia telefonii komórkowej na ślinę, elektrolity i funkcje ślinowe. Skupiono się na wpływie telefonu komórkowego i Wi-Fi na wskaźniki stresu oksydacyjnego, enzymów i całkowitego białka śliny (Shivashankara i in., 2015; Singh i in., 2016; Taghavi-Zonuz i in., 2017).

Obecne badanie różni się od poprzednich badań w doborze grupy docelowej, studentów, którzy zostali podzieleni na kategorie według liczby lat użytkowania telefonów komórkowych. Głównym celem obecnego eksperymentu było określenie wpływu promieniowania emitowanego z telefonu komórkowego, zwykle używanego w domu, na pH i natężenie przepływu śliny oraz innych problemów zdrowotnych wśród studentów korzystających z telefonów komórkowych. Ponadto porównano elektrolity ślinankowe, głównie poziom sodu i potasu, uczestników.

1.2. Problem

1. Globalne badania nad wpływem EMR emitowanego przez telefon komórkowy na ogólny stan zdrowia i funkcję ślinianki wydają się być bardzo ograniczone.
2. Nastąpił znaczny wzrost wykorzystania telefonów komórkowych, co spowodowało wzrost narażenia na promieniowanie elektromagnetyczne w naszym otoczeniu.

1.3. Cele

1.3.1. Główny cel

Celem tego badania jest określenie wpływu promieniowania emitowanego przez telefon komórkowy, zwykle używany w domu, na ogólne zdrowie i funkcje ślinankowe wśród uczniów korzystających z telefonu komórkowego.

1.3.2. Cele szczegółowe

1. Badanie wpływu EMR emitowanego przez telefon komórkowy na ogólny stan zdrowia.
2. Badanie wpływu EMR emitowanego z telefonu komórkowego na tempo przepływu śliny i pH.
3. Badanie wpływu promieniowania elektromagnetycznego telefonu komórkowego na stężenie elektrolitów w ślinie.

1.4. Znaczenie

Obecne prace można uznać za pierwszą tego rodzaju próbę w tym sensie, że dostarczą one użytecznych informacji na temat wpływu promieniowania elektromagnetycznego telefonów komórkowych na ogólny stan zdrowia i funkcje ślinotokowe zarówno właściwym organom, jak i społeczeństwu, w następujący sposób:

- Wpływ EMR emitowanego z telefonu komórkowego na ogólny stan zdrowia.
- Wpływ promieniowania elektromagnetycznego telefonu komórkowego na pH śliny.
- Wpływ EMR emitowanego z telefonu komórkowego na tempo przepływu śliny.
- W ramach badania zostanie również zidentyfikowany wpływ promieniowania elektromagnetycznego telefonów komórkowych na stężenie elektrolitów w ślinie.

Chapter 2
Przegląd literatury

Rozdział 2

Przegląd literatury

2.1. Definicja promieniowania elektromagnetycznego telefonu komórkowego

W ciągu ostatnich dwóch dekad wykorzystanie telefonu komórkowego drastycznie wzrosło. Telefony komórkowe zrewolucjonizowały współczesny świat, a życie bez telefonów komórkowych jest teraz niewyobrażalne. Liczba użytkowników telefonów komórkowych wzrosła na całym świecie (Makker i in., 2009). Promieniowanie elektromagnetyczne odnosi się do fal (lub ich kwantów, fotonów) pola elektromagnetycznego, rozprzestrzeniających się (promieniujących) w przestrzeni, niosących energię promieniowania elektromagnetycznego (Purcell i Morin, 2013). Obejmuje on fale radiowe, mikrofale, podczerwień, światło (widzialne), ultrafiolet, promieniowanie rentgenowskie i gamma (Browne, 2013) (rysunek 1).

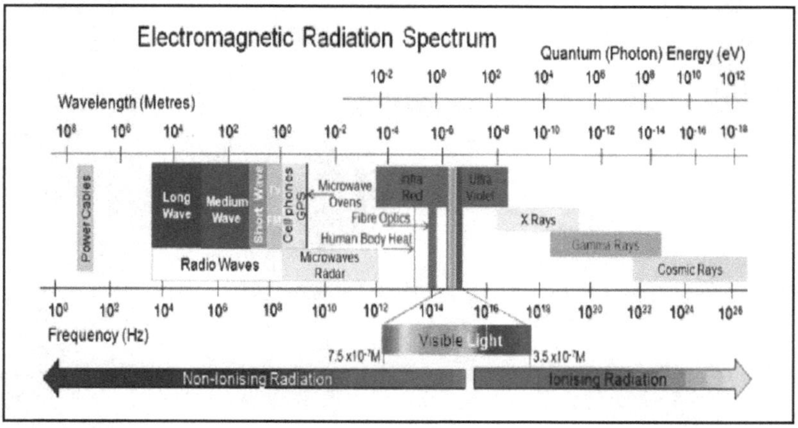

Rysunek (2.1): Widmo promieniowania elektromagnetycznego

Ludzie są narażeni zarówno na sztuczne, jak i naturalne promieniowanie elektromagnetyczne. Piorun i obiekty astronomiczne są naturalnymi źródłami promieniowania elektromagnetycznego, natomiast sieci komputerowe, satelity komunikacyjne, radiokomunikacyjne, nadawcze i radarowe są sztucznymi źródłami promieniowania elektromagnetycznego (Dickinson, 2006). Wpływ promieniowania elektromagnetycznego na związki chemiczne i organizmy biologiczne zależy od mocy promieniowania, częstotliwości, czasu trwania ekspozycji, fali impulsowej lub ciągłej oraz właściwości narażonej tkanki (Akbal i in., 2012).

Promieniowanie elektromagnetyczne można podzielić na dwie główne kategorie: promieniowanie jonizujące i niejonizujące, w oparciu o jego zdolność jonizowania lub niejonizowania atomów, cząsteczek i rozbijania wiązań chemicznych (Smitha i in., 2013; Adhauliya i in., 2015). Promieniowanie elektromagnetyczne o częstotliwościach widzialnych lub niższych (światło widzialne, podczerwień, mikrofale i fale radiowe) nazywane jest promieniowaniem niejonizującym, ponieważ jego fotony nie mają wystarczającej ilości energii, aby zjonizować atomy lub molekuły lub rozbić wiązania chemiczne (Ng, 2003). Wpływ promieniowania niejonizującego na systemy życiowe jest spowodowany efektami grzewczymi wynikającymi z połączonego transferu energii wielu fotonów (Zamanian i Hardiman, 2005)

Z drugiej strony, wysokiej częstotliwości promieniowanie ultrafioletowe, rentgenowskie i gamma są dwiema formami promieniowania jonizującego, ponieważ fotony mają wystarczająco dużo energii, aby się jonizować. Wiadomo, że promieniowanie jonizujące powoduje uszkodzenia, ponieważ polega na zmianie podstawowego szkieletu atomów w komórkach, a dokładniej cząsteczek DNA znajdujących się wewnątrz komórek (Ward, 1988; Zamanian i Hardiman, 2005).

2.2. Wpływ promieniowania elektromagnetycznego na systemy biologiczne

Ponieważ telefon komórkowy zbliża się do głowy, zwiększyły się obawy związane z niekorzystnym wpływem promieniowania elektromagnetycznego telefonu komórkowego na zdrowie. Wiadomo, że telefony komórkowe wysyłają i odbierają informacje wykorzystując promieniowanie elektromagnetyczne w zakresie mikrofalowym (fale radiowe [RF] i mikrofale) (Adhauliya i in., 2015; Shalatonin, 2012; Varghese i in., 2018). Istnieją dwie odrębne perspektywy, które mają wpływ na zdrowie użytkowników z powodu narażenia na promieniowanie z telefonów komórkowych. Pierwsza perspektywa wynika z przedłużających się rozmów; telefon komórkowy nagrzewa się i podnosi temperaturę otaczających go tkanek. Druga przyczyna wynika z efektów nietermicznych; wynikających ze skumulowanych efektów z telefonów komórkowych (Mishra i in., 2017). Bliskość telefonów komórkowych do ciała ludzkiego wzbudziła obawy o możliwe negatywne skutki wynikające z wchłaniania tych emisji przez tkanki przylegające do telefonu komórkowego (Bhargava i in., 2012).

Fale elektromagnetyczne przenoszą energię, dlatego powodują, że w komórkach lub tkankach, przez które przechodzą, znajduje się około effects. Aby zmierzyć ilość energii przepuszczanej przez tkanki biologiczne, oblicza się wartość o nazwie współczynnik absorpcji próbki (SAR). SAR odnosi się do ilości energii zaabsorbowanej w jednostce czasu na jednostkę masy tkanki i jest wyrażony w W/kg (Adhauliya i in., 2015). Limit SAR ustalony przez Międzynarodową Komisję Ochrony przed Promieniowaniem Niejonizującym wynosi 2,0 W/kg (Ros-Llor i in., 2012). SAR jest mierzony poprzez trzymanie telefonu komórkowego w pozycji, w której jest trzymany podczas wykonywania połączeń. Na całym świecie kilka krajów ustaliło maksymalne poziomy SAR dla energii o częstotliwości radiowej wydawanej przez telefony komórkowe. Na przykład w Stanach Zjednoczonych, zgodnie z wymogiem Federalnej Komisji ds. Komunikacji (Federal Communications Commission), poziom SAR wynosi 1,6 W/kg lub mniej, mierzony w objętości zawierającej masę 1 grama tkanki pochłaniającej najwięcej sygnału. Natomiast w Unii Europejskiej granica SAR wynosi średnio 2 W/kg na 10 g tkanki pochłaniającej najwięcej sygnału (Adhauliya i in., 2015).

Promieniowanie elektromagnetyczne, w szczególności promieniowanie emitowane przez telefon komórkowy, wpływa na wszystkie żyjące systemy i komórki, tkanki i organy oraz może zaburzać ich funkcje (Adhauliya i in., 2015; Alattar i in., 2017 i 2018). Promieniowanie z telefonów komórkowych należy do kategorii potencjalnie rakotwórczych dla ludzi (grupa 2B), sklasyfikowanej przez Międzynarodową Agencję Badań nad Rakiem (WHO, 2014).

Wpływ promieniowania z telefonów komórkowych na zdrowie człowieka można podzielić na krótko- i długoterminowe effects. Krótkotrwałe skutki wynikają z interakcji pomiędzy ludzkim ciałem a promieniowaniem elektromagnetycznym, które powoduje nagrzewanie się tkanek ciała. Większość tej energii jest wchłaniana przez tkanki nadtwardówkowe, głównie skórę, dlatego mózg i inne organy ciała są minimalnie affected. Efekty te obejmują zaburzenia snu, bóle głowy, szumy uszne, nadciśnienie tętnicze i zaburzenia hormonalne (Repacholi i in., 2012). Z drugiej strony, długoterminowa strona internetowa effects zawiera zmiany w materiale genetycznym, które doprowadziły do obaw dotyczących zwiększonej częstości występowania raka i zaburzeń neurologicznych (takich jak niektóre zmiany w funkcjach neurobehawioralnych i problemy neuropsychologiczne) wśród osób korzystających z telefonów komórkowych (Kesari i in., 2014).

Effects wywołane przez promieniowanie telefonu komórkowego może być termiczne i nietermiczne. Thermal effects inflict uszkodzenia w tkankach, w których narażone ciało nie jest w stanie odprowadzić nadmiernego ciepła z powodu względnego braku krwi flow. Czas trwania ekspozycji może wpływać na szybkość chłodzenia tkanki przez przepływ krwi i inne czynniki (Pattanaik, 2012). Efekty nietermiczne to efekty, które nie są spowodowane wzrostem energii cieplnej eksponowanej tkanki. Skutki nietermiczne objawiają się w wyniku przepływu elektrycznie wstrząsających prądów wirowych powstających w wyniku absorpcji fal elektromagnetycznych, które powodują zaburzenie integralności błony komórkowej prowadzące do dysfunkcji i zmian w narażonej tkance (Pattanaik, 2012; Adhauliya i in., 2015).

Badania eksperymentalne nad wpływem promieniowania telefonów komórkowych są bardzo szerokie i niejednorodne. Obejmują one zarówno badania hodowli komórkowych i tkanek (in vitro) oraz zwierząt laboratoryjnych (in vivo), jak i ludzi. Różne badania na zwierzętach i ludziach wykazały, że promieniowanie emitowane przez telefony komórkowe ma negatywny wpływ na różne organy i tkanki organizmu (Aalto i in., 2006; Koca i in., 2013).

W badaniach na zwierzętach, Aydogan i in., (2015) oraz Ghoneim i Arafat (2016) wykazały, że w gruczole przyusznicowym szczurów po ekspozycji na promieniowanie o częstotliwości radiowej w krótkim i stosunkowo długim okresie czasu zaobserwowano liczne zmiany histopatologiczne.

W badaniach na ludziach, przeprowadzonych przez Duan i in. (2011), Lonn i in. (2006), Hardell i in. (2004) oraz Söderqvist i in. (2012), nie poparli oni hipotezy, że istnieje zwiększone ryzyko wystąpienia guzów ślinianki przyusznej w wyniku używania telefonów komórkowych. Z drugiej strony, Sadetzski i in. (2008) znaleźli związek między guzami ślinianki przyusznej a długotrwałym używaniem telefonu komórkowego. Promieniowanie elektromagnetyczne emitowane przez telefony komórkowe najprawdopodobniej nie jest odpowiedzialne za inicjację guza, ponieważ nie ma wystarczającej energii do zerwania wiązań chemicznych lub uszkodzenia DNA (Sadetzski i in., 2008). Promocja tworzenia się guza wynikała z wysokiego poziomu wykorzystania telefonu komórkowego. W badaniu Siqueira i in. (2016)

znaleźli oni różnice w poziomach IL-10 u ślinianek przyusznych ipsilateralnych w porównaniu do ślinianek przyusznych u uczestników, którzy używają telefonów komórkowych przez ponad 10 lat. Różnice w profilu cytokinowym w ślinie mogą wynikać z efektów grzewczych promieniowania niejonizującego.

Zmiany w funkcji komórek Leydiga i Sertoliego, funkcji neuroendrokryn, wzorca elektroencefalograficznego, wzorca snu, funkcji poznawczych i wydzielania melatoniny obserwowano przy zwiększonej obsłudze telefonów komórkowych. Wykazano również, że ekspozycja na telefony komórkowe zwiększa spoczynkowe ciśnienie krwi i podnosi tętno. Osoby często korzystające z telefonów komórkowych opisują również stronę internetową difficulty, która charakteryzuje się koncentracją, zwiększonym zmęczeniem i bólami głowy, połączonymi z uczuciem pieczenia przy uchu oraz mrowieniem lub drętwieniem odsłoniętych tkanek (Bhat, 2013; Adhauliya i in., 2015).

2.3. Wpływ promieniowania elektromagnetycznego na błonę śluzową jamy ustnej

Błona śluzowa jamy ustnej jest uważana za jedną z najbardziej idealnych tkanek do badania uszkodzeń genetycznych wywołanych przez telefony komórkowe z uwagi na bliskość tej tkanki do pozycjonowania gadżetu podczas rozmów telefonicznych. Ponadto, tkanka nabłonka jest najbardziej podatna na zmiany genetyczne, które wynikają z ekspozycji na obelgi chemiczne, fizyczne i radiacyjne. Ponadto, komórki błony śluzowej jamy ustnej są łatwe do pobrania bez inwazyjnych procedur (Adhauliya i in., 2015).

Przeprowadzono różne badania w celu zbadania wpływu promieniowania elektromagnetycznego na błonę śluzową jamy ustnej. Na przykład, Yadav i Sharma (2008), przeprowadzili eksperymentalne badanie, aby dowiedzieć się, czy promieniowanie telefonu komórkowego prowadzi do in vivo effects na częstotliwości mikrojądrowej w złuszczonych komórkach, u osób narażonych. Stwierdzono niewielki spadek częstości występowania mikrojądra i mikrojądra całkowitego u osób narażonych na ponad cztery lata. Obserwowano jednak niewielki wzrost średniej częstości występowania kariorrheksji, rozbitych komórek jajowych i dwubiegunowych.

W podobnym badaniu inne wyniki zarejestrowali Hintzsche i Stopper (2010). Przeprowadzili oni szeroko zakrojone badania w celu zbadania wpływu używania telefonów komórkowych na niestabilność genomową komórek błony śluzowej jamy ustnej człowieka. Badanie to nie wykazało żadnych zmian w częstości występowania mikrojądra w zależności od wieku, płci, wskaźnika masy ciała i stanu palenia. Częstotliwość mikronukleosów nie została zmieniona pomiędzy użytkownikami zestawów słuchawkowych i nieużytkownikami. Nie było difference pomiędzy ludźmi, którzy korzystali z telefonu przez mniej niż pięć, pięćdziesiąt dziewięć, czy dziesięć i więcej lat. Wyniki te wydają się być zbieżne z tymi, które podali Ros-Llor i in. (2012), oceniając wady cytokinetyczne i genetyczne, potencjał proliferacyjny oraz parametry śmierci komórek występujące w bezobjawowej młodej populacji na skutek promieniowania telefonów komórkowych. Pokazały one, że nie ma statystycznie istotnych zmian w odniesieniu do płci, wieku, wskaźnika masy ciała, czy stanu palenia. Porównano stronę twarzy, na której przez większość czasu znajdował się telefon komórkowy oraz drugą stronę, która służyła do kontroli, wraz z czasem ekspozycji w latach na promieniowanie z telefonu komórkowego, przy czym obie strony nie dawały żadnego istotnego wyniku differences. Przeciwstawne wyniki podali również wcześniej Ros-Llor i in. (2012) oraz Hintzsche i Stopper (2010). Badali wpływ używania telefonów komórkowych na niestabilność genomową komórek błony śluzowej jamy ustnej człowieka. Okazało się, że nie nastąpił znaczny wzrost częstotliwości występowania mikrojądra w wyniku korzystania z telefonu komórkowego.

2.4. Wpływ promieniowania elektromagnetycznego na ślinę

Ślina ludzka odgrywa ważną rolę w zachowaniu homeostazy jamy ustnej jako pierwsza linia obrony przed inwazją drobnoustrojów, która mechanicznie i immunologicznie chroni błonę śluzową jamy ustnej (Nakamura i in., 1997; Tuschl i in., 2006). W skali globalnej naukowcy starali się ocenić przydatność składników ślinianki jako biomarkerów chorób systemowych i zakaźnych, złośliwości, toksyczności leków i zaburzeń równowagi hormonalnej (Kaufmann i Lamster, 2002).

Największym z gruczołów ślinowych jest gruczoł ślinowy, który znajduje się za ramusem żuchwy i przed uchem i wydziela głównie ślinę surową przez przewód ślinowy do jamy ustnej. Dławice te znajdują się w bliskiej odległości od telefonów komórkowych podczas wykonywania połączeń. Ludzka ślina służy jako biomarker dla stresu oksydacyjnego, który jest implikowany jako mechanizm niebezpiecznego zdrowia effects, który może wynikać z narażenia na promieniowanie telefonów komórkowych (Khadra i in., 2014).

Szkodliwe skutki zdrowotne używania telefonu komórkowego można ocenić na podstawie wskaźników stresu oksydacyjnego i aktywności przeciwutleniającej (Mishra i in., 2017). W badaniach Goldweina i Aframiana (2010), Bhargavy i in., (2012) oraz Hashemipour i in. (2014) stwierdzili oni zwiększenie przepływu krwi, śliny i objętości ślinianek przyusznych wśród użytkowników, którzy często korzystali z telefonów komórkowych. Promieniowanie elektromagnetyczne emitowane przez telefony komórkowe może być pochłaniane przez wodę zawartą w sąsiadujących tkankach i tym samym zwiększać ich temperaturę (Goldwein i Aframian, 2010). Ciągła ekspozycja na ciepło emitowane przez telefon komórkowy może zwiększyć przepływ krwi we krwi przylegającej do ślinianek przyusznych i spowodować wzrost przepływu śliny (Goldwein i Aframian, 2010). W badaniu Hamzany i in. (2013) stwierdzili oni znaczny wzrost wszystkich badanych wskaźników stresu oksydacyjnego w ślinie u użytkowników telefonów komórkowych. Śmiertelność flow, aktywność białka całkowitego, albuminy i amylazy została zmniejszona u użytkowników telefonów komórkowych. Obserwacje te prowadzą do hipotezy, że korzystanie z telefonów komórkowych może powodować stres oksydacyjny i modyfikować funkcję ślinianki.

Sprzeczne wyniki zostały zaobserwowane przez Khalil i wsp. (2014), badali oni, czy ekspozycja o niskiej intensywności częstotliwości radiowej może influence wpłynąć na zdolność antyoksydacyjną, stres oksydacyjny i stężenie białka w ślinie. Ślinę badano na 8-okso-7,8-dihydro-2'-deoksyguanozynę (8-oksodG) i MDA, które są powszechnie stosowanymi biomarkerami stresu oksydacyjnego. Wyniki wykazały, że nie ma znaczącej effect liczby godzin korzystania z telefonu komórkowego na poziomie 8-OxodG i MDA lub na zdolności powstrzymywania rodników tlenowych i hydroksylowych. Wskazuje to, że nie ma związku pomiędzy narażeniem na promieniowanie RF a zmianami w profilu utleniacza/antyutleniacza ślinianki. W badaniu De Souza i in. (2014) stwierdzili oni, że nie nastąpiły żadne zmiany w przepływie śliny przy ślinie przyusznej, stężeniu białka, ani w poziomie białka genów oraz zmiany w utleniaczu śliny po ekspozycji na promieniowanie elektromagnetyczne emitowane z telefonu komórkowego.

W badaniu Arbabi-Kalati i wsp. (2014) zmierzono całkowitą pojemność antyoksydacyjną śliny metodą redukcji ferrycznej osocza i wykazano, że mówienie przez ponad godzinę w telefonie komórkowym zmniejszy całkowitą pojemność antyoksydacyjną śliny i poziom IgA w ślinie bardziej niż w przypadku osób mówiących <20 min.

W badaniu Daroit i in. (2015) badali cytogeniczne nieprawidłowości komórek błony śluzowej jamy ustnej wynikające z ekspozycji na promieniowanie elektromagnetyczne telefonów komórkowych. Pokazały one, że uczestnicy, którzy przez osiem lat korzystali z telefonu komórkowego przez ponad 60 minut/tydzień, mieli zwiększone anomalie nuklearne. Różne wyniki uzyskano u De Souza i in. w 2014 r., którzy porównali całkowite stężenie białka, p53, p21, reaktywne formy tlenu, glutation, białka szoku cieplnego, IgA i śliniankę flow. Nie stwierdzono żadnych istotnych zmian w żadnym z parametrów.

Ostatnio Alattar i in. (2019) stwierdzili, że poziom śliny Na+ i K+ jest znacznie niższy u użytkowników telefonów komórkowych w porównaniu z osobami nie korzystającymi z telefonów komórkowych.

Wyniki te prowadzą do wniosku, że nadmierne korzystanie z telefonu komórkowego może prowadzić do zwiększonego stresu oksydacyjnego, co z kolei może prowadzić do onkogenezy. Dlatego też należy kontrolować częste korzystanie z telefonu komórkowego.

2.5. Wpływ promieniowania elektromagnetycznego na gruczoły ślinowe

Gruczoły ślinianki przyuszne stanowią 80% guzów ślinianek, pozostały odsetek guzów powstaje w śliniankach podżuchwowych, podjęzycznych lub drobnych (Fox i Ship, 2008).

W badaniu Auvinen i in. (2002) przeprowadzili badanie kontrolno-przypadkowe przeprowadzone na osobach, u których zdiagnozowano przypadki guza mózgu i raka ślinianki. Wykazali oni, że korzystanie z telefonu komórkowego nie było związane z guzami mózgu czy rakiem ślinianki, ale istniał słaby związek pomiędzy glejakami a analogowymi telefonami komórkowymi. Podobne wyniki zostały udokumentowane w badaniu Hardell i in., (2004), przeprowadzili oni badanie mające na celu zbadanie związku między używaniem telefonów komórkowych lub bezprzewodowych a ryzykiem wystąpienia guzów ślinianki. Nie stwierdzono żadnych powiązań między korzystaniem z telefonów komórkowych lub bezprzewodowych a guzami ślinianek. Ogólnokrajowe badanie kohortowe przeprowadzone przez Schüz et al. (2006), mające na celu zbadanie ryzyka zachorowania na raka wśród duńskich użytkowników telefonów komórkowych, którzy byli śledzeni przez okres do 21 lat. Nie stwierdzono zwiększonego ryzyka wystąpienia guzów mózgu, guzów ślinianki, nerwic akustycznych, białaczek, guzów oczu abonentów telefonii komórkowej w Danii. Nie zaobserwowano również zwiększonego ryzyka wystąpienia guzów i białaczek mózgu u uczestników, których abonament na usługi telefonii komórkowej był dłuższy niż 10 lat.

Z drugiej strony, Sadetzki i wsp. (2007) przeprowadzili ogólnokrajowe badanie kontrolno-kontrolne, aby ocenić związek pomiędzy telefonami komórkowymi a guzami ślinianki przyusznej. Znaleźli oni związek między długotrwałym i ciężkim użytkowaniem telefonów komórkowych a guzami ślinianki przyusznej. Powiązanie to było widoczne w analizach ograniczonych do zwykłych użytkowników, analizach lateralności użytkowania telefonów komórkowych oraz analizach obszaru głównego użytkowania.

Duan i in. (2011) przeprowadzili podobne badanie, co badanie kliniczne dotyczące kontroli przypadków. Nie stwierdzono istotnego związku między częstością korzystania z telefonu komórkowego a złośliwością nabłonkowej ślinianki przyusznej, ale wyniki sugerują możliwą zależność dawka-odpowiedź.

W celu oceny zwiększonego ryzyka wystąpienia guzów ślinianki przyusznej Söderqvist i wsp. w 2012 r. przeprowadzili badanie kontrolno-przypadkowe, oceniając 69 pacjentów z guzami ślinianki oraz 262 losowo wybranych kontroli. Stwierdzono, że wyniki nie wskazują na zwiększone ryzyko wystąpienia guzów ślinianki przyusznej, jeśli chodzi o krótsze godziny użytkowania i krótkotrwałe korzystanie z telefonów komórkowych.

Chapter 3
Metodologia

Rozdział 3

Metodologia

3.1. Procedury eksperymentalne

Przed przeprowadzeniem badania uzyskano aprobatę etyczną od Wydziału Nauki Islamskiego Uniwersytetu w Gazie oraz Ministerstwa Edukacji i Szkolnictwa Wyższego w Palestynie. Obecne przekrojowe badanie pilotażowe zostało przeprowadzone na Uniwersytecie Islamskim w Gazie, w Strefie Gazy, w Palestynie, w okresie od czerwca do lipca 2018 roku.

Obecne badanie składało się z dwóch etapów. W pierwszym etapie badania opracowano i zastosowano kwestionariusz dla zdrowych i niesłyszących uczennic, aby wybrać przypadki, które spełniają kryteria włączenia wymagane w niniejszym badaniu. Ważność kwestionariusza została sprawdzona przed badaniem przez specjalistów w dziedzinie nauk o zdrowiu. Kwestionariusz ten był testowany i dalej modyfikowany, aby uwzględnić obawy zgłaszane przez studentów podczas badań wstępnych. W odniesieniu do zawartości kwestionariusza ustalono, że współczynnik Alpha Cronbacha wynosi 0,702. Wartość ta ujawniła dobrą wewnętrzną spójność i wiarygodność pozycji kwestionariusza. Następnie studenci zostali poinformowani przez badaczy o celu badania, a także o tym, że ich udział był dobrowolny. Stu trzech (N=103) studentów poproszono o wypełnienie kwestionariusza, który zawierał pytania o dane socjodemograficzne, liczbę lat korzystania z telefonów komórkowych, historię choroby oraz pytania związane z ich problemami zdrowotnymi, takimi jak zaburzenia snu, ból głowy i zapomnienie. Ponadto, łącznie 36 niesłyszących studentów zostało poproszonych o wypełnienie tego samego kwestionariusza w celu określenia ich stanu zdrowia. Analizie poddano całkowicie wypełniony kwestionariusz i wybrano i poddano badaniu tylko tych studentów, którzy spełnili kryteria włączenia.

W drugim etapie studenci, którzy spełnili kryteria włączenia, zostali włączeni do badania w celu zbadania wpływu przedłużonej ekspozycji na promieniowanie elektromagnetyczne z telefonu komórkowego na ich ogólny stan zdrowia. Do oceny parametrów ślinotokowych wybrano łącznie 55 uczniów i podzielono ich na trzy grupy. Grupa I była grupą kontrolną, w skład której wchodziło 17 głuchoniemych studentów, którzy w ogóle nie korzystali z telefonu komórkowego. Pozostałymi grupami były grupy przypadkowe, które obejmowały 38 zdrowych uczniów, którzy posiadają telefon komórkowy i często go używają oraz zostały podzielone w zależności od czasu używania telefonu komórkowego. Innymi słowy, Grupa II składała się z 19 zdrowych uczniów, którzy mają telefon komórkowy przez mniej niż 5 lat. Grupa III składała się z 19 zdrowych uczniów, którzy mają telefon komórkowy przez 5 lub więcej lat. Tabela 1 ilustruje kryteria włączenia i wykluczenia stosowane przy wyborze uczestników niniejszego badania.

Tabela (3.1): Szczegóły dotyczące wymagań stosowanych przy wyborze studentów na danym kierunku studiów

Kryteria włączenia	Kryteria wyłączenia
Studenci, którzy byli: • Studentki w grupie wiekowej od 18 do 25 lat. • Zdrowi studenci bez żadnych chorób. • Głusi studenci, którzy w ogóle nie korzystali z telefonu komórkowego. • Studenci, którzy wykonują telefony. • Studenci, którzy mają telefony komórkowe przez okres krótszy niż 5 lat.	• Studenci, którzy byli: • Palacze i palacze tytoniu. • Studenci cierpiący na choroby przewlekłe. • Kobiety w ciąży. • Uczniowie, którzy często żują gumę. • Studenci pod wpływem leczenia w okresie studiów (np. antybiotyki, leki przeciwmalaryczne, przeciwbólowe itp.). • Miał jakąś ostrą chorobę, taką jak malaria, gorączka i żółtaczka w ciągu ostatniego miesiąca. • Regularnie zażywane leki

• Studenci, którzy mają telefony komórkowe od 5 lat lub więcej.	przeciwzapalne, antyoksydacyjne i multiwitaminowe przez ostatni miesiąc.

Ocena parametrów ślinotokowych była prowadzona przez przeszkolonych badaczy. Po skategoryzowaniu uczestników według poprzednich grup, uczestnicy zostali poproszeni o pobranie próbek rano w godzinach od 9.00 do 12.00 w standardowych warunkach temperatury i wilgotności. Wszyscy uczestnicy wstrzymali się od spożywania pokarmów i napojów, mycia zębów i aktywności fizycznej przez minimum 1 godzinę przed zebraniem śliny. Podczas obecnego eksperymentu wszyscy uczestnicy byli poddawani tym samym warunkom środowiskowym, a inne zmienne były utrzymywane na stałym poziomie. Protokół pobierania próbek śliny od wszystkich uczestników został wykonany zgodnie z instrukcjami podanymi przez Hamzany et al. (2013). Testowanie śliny obejmuje zarówno stymulowaną, jak i niestymulowaną ślinę.

W celu przetestowania niestymulowanej śliny pH uczestnicy byli kierowani do odkrztuszania jej do sterylnego kubka zbierającego przez okres 5msinut. Następnie przez 10s umieszczano pasek testowy pH w próbce śliny, a następnie sprawdzano zmianę koloru paska i porównywano go z tabelą testową dostępną w opakowaniu z uniwersalną bibułą wskaźnikową (pH 1-14). Ostatecznie zebraną ślinę badano na obecność elektrolitów ślinowych (sód i potas) za pomocą fotometru płomieniowego (BWB XP).

W celu przetestowania stymulacji przepływu śliny uczestnicy zostali poinstruowani, aby przeżuć kawałek gumy (w celu stymulacji przepływu śliny), a następnie natychmiast opróżnili swoją ślinę do kubka zbierającego. Uczestnicy zostali poproszeni o powtórzenie gryzienia i odkrztuszania przez okres 5 minut. Następnie zmierzono ilość śliny za pomocą cylindra z podziałką.

3.2. Analiza statystyczna

Dane były analizowane statystycznie przy użyciu programu komputerowego SPSS w wersji 22.0 dla Windows (Pakiet Statystyczny dla Nauk Społecznych Inc, Chicago, Illinois). Wykresy zostały wykreślone przy użyciu programu Microsoft Excel w wersji 2010. Porównano natężenie przepływu, pH i poziom elektrolitów w ślinie pomiędzy grupami pod kątem istotności statystycznej. Dla każdej grupy obliczono dane opisowe, które obejmowały średnią, odchylenie standardowe i wartości procentowe. Wielokrotne porównania grup zostały wykonane za pomocą jednokierunkowej analizy wariancji (ANOVA), a następnie testu Tukeya dla porównań parami. Dane kategoryczne analizowane były za pomocą testu Chi square ($\chi 2$). Dla wszystkich badań dla istotności statystycznej uwzględniono wartość P wynoszącą 0,05 lub mniej.

Wyniki

Rozdział 4

Wyniki

Poniżej, na rysunku (4.1), przedstawiono wyniki ważnych pytań z zaprojektowanego kwestionariusza. Przedział wiekowy uczestników wynosił 19-25 lat. Rysunek 1A pokazuje reakcję uczestników w grupie przypadków na liczbę lat korzystania z telefonu komórkowego. Jak wyraźnie wykazano, 69,9 % uczestników posiadało telefon komórkowy przez okres krótszy niż 5 lat, natomiast 30,1 % przez okres 5 lat lub dłuższy. Na rysunku (4.1 B) zilustrowano również, że większość uczestników (91,3%) używa telefonu komórkowego do kilku celów, takich jak połączenia, a także do poznawania internetu i innych aplikacji. 5,8% i 2,9% uczestników korzysta z telefonu komórkowego wyłącznie w celu zapoznania się z internetem i wykonywania połączeń.

Jeśli chodzi o liczbę połączeń w poprzednim miesiącu, wyniki pokazały, że 32,0% badanych potwierdziło, że dzwoniło więcej niż raz dziennie, 22,3% było przynajmniej raz dziennie, 21,4% więcej niż raz w tygodniu, 14,6% przynajmniej raz w tygodniu i wreszcie 9,7% w ogóle nie dzwoniło.

Jak wynika z wykresu (4,1 D), 47,6% uczestników podało, że średni dzienny czas wykonywania połączeń telefonicznych był krótszy niż 20 minut, 36,9% w ogóle nie wykonywało połączeń, 9,7% od 20 minut do 60 minut, a 5,8% było więcej niż 60 minut. Jeśli chodzi o narażenie na promieniowanie Wi-Fi, 48,5% uczestników zgłosiło, że było narażone na promieniowanie Wi-Fi przez cały dzień, 35,0% tylko w swoich domach, a 16,5% w miejscach publicznych, takich jak praca, uczelnie, rynki lub parki (rysunek 4.1 E).

Tabela (4.1) zawiera podsumowanie odpowiedzi badanych uczestników (N=103) w grupach przypadków na różne pytania dotyczące korzystania z telefonu komórkowego o stopniu akceptacji. Jak wynika z tabeli (4.2), wśród 103 uczestników w badanych grupach zaobserwowano istotne różnice pomiędzy grupą II i III w odniesieniu do cierpienia na lęk, bezsenność i zapomnienie. Uczestnicy, którzy mają telefon komórkowy przez 5 lub więcej lat, bardziej cierpieli z powodu lęku, bezsenności i zapomnienia niż inni uczestnicy, którzy mają telefon komórkowy przez mniej niż 5 lat. Podobno większość uczestników posiadających telefon komórkowy skarżyła się na zaburzenia snu, bóle głowy, zawroty głowy, trudności z koncentracją, suchość w ustach, ślinotok, a także na ból oczu i uszu. Jednakże, jak wynika z tabeli (4.2), w przypadku pozostałych dziewięciu zmiennych dotyczących zdrowia nie zaobserwowano różnic w ich procentach dla grupy II w porównaniu z grupą III.

Tabela (4.1): Reakcja uczestników w grupie przypadków na korzystanie przez nich z telefonu komórkowego.

Zmienna	Stopień zatwierdzenia									
	Bardzo wysoki		Wysoki		Umiarkowany		Niski poziom		Bardzo niski	
	F	%	F	%	F	%	F	%	F	%
Używanie aplikacji internetowych do wykonywania połączeń w większym stopniu niż przy użyciu karty SIM.	16	15.5	24	23.3	30	29.1	12	11.7	21	20.4
Korzystanie ze słuchawek podczas wykonywania połączeń.	7	6.8	8	7.8	21	20.4	24	23.3	43	41.7
Umieszczanie telefonu komórkowego blisko ucha podczas prowadzenia rozmów.	26	25.2	45	43.7	18	17.5	5	4.9	9	8.7
Korzystanie z telefonu komórkowego w nocy przed zaśnięciem na przyciemnionym świetle	33	32.1	40	38.8	14	13.6	7	6.8	9	8.7
Korzystanie z telefonu komórkowego może zwiększyć skuteczność komunikacji z	26	25.2	34	33.0	24	23.3	8	7.8	11	10.7

przyjaciółmi i krewnymi.										
Możliwość pozostawienia telefonu komórkowego na długi okres czasu.	20	19.4	24	23.3	28	27.2	14	13.6	17	16.5

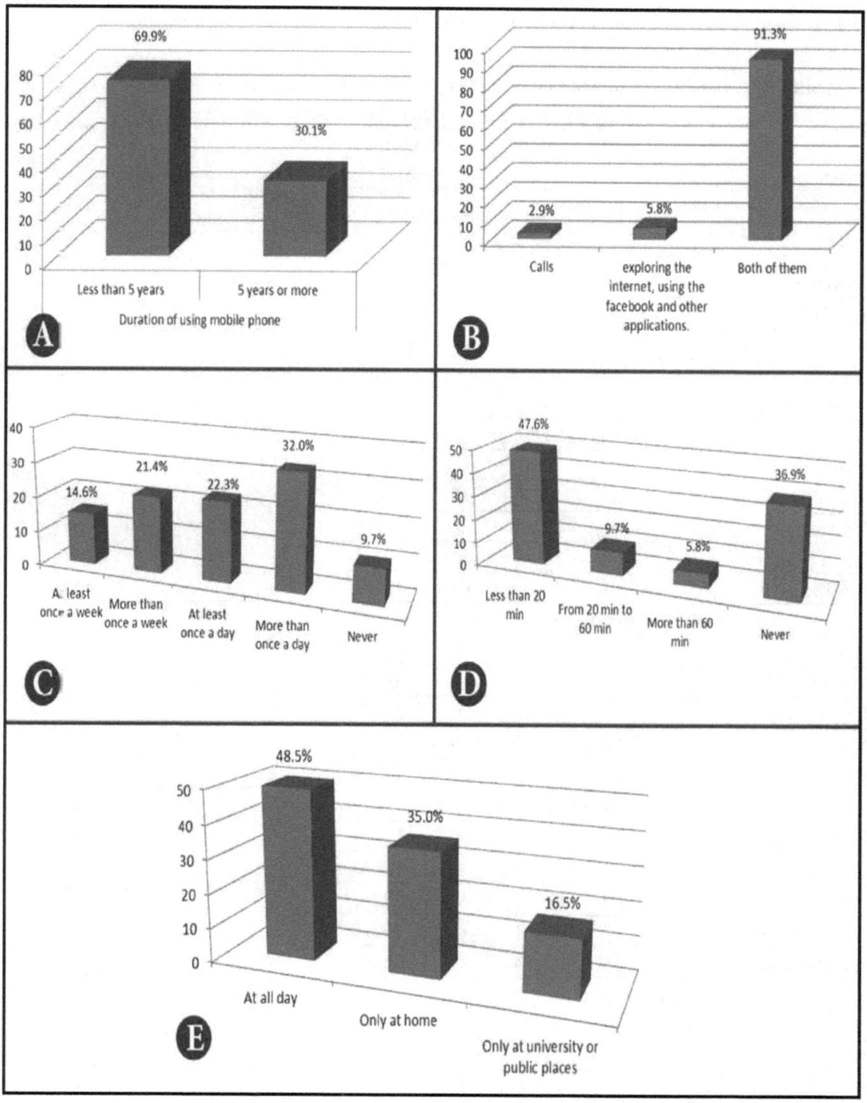

Rysunek (4.1): Reakcja uczestników w grupie przypadków w odniesieniu do (A): liczby lat korzystania z telefonu komórkowego, (B): celu korzystania z telefonu komórkowego, (C): liczby połączeń w poprzednim miesiącu, (D): czasu spędzonego na wykonywaniu codziennych rozmów telefonicznych, (E): czasu ekspozycji na promieniowanie Wi-Fi.

Tabela (4.2): Porównuje oddech uczestników w grupie przypadków w odniesieniu do ich stanu zdrowia z powodu korzystania z telefonu komórkowego.

Parametr	Grupa II (< 5 lat)		Grupa III 5 ≤(lat)		$\chi 2$ Wartość	Wartość P*
	F	%	F	%		
Cierpienie z suchych ust						
Bardzo wysoki	0	0.00	1	3.23	6.922	0.140
Wysoki	3	4.17	1	3.23		
Umiarkowany	23	31.94	4	12.90		
Niski poziom	21	29.17	9	29.03		
Bardzo niski	25	34.72	16	51.61		
Cierpiąc z powodu przykrego zapachu w ustach						
Bardzo wysoki	0	0.00	0	0.00	3.148	0.364
Wysoki	3	4.17	0	0.00		
Umiarkowany	9	12.50	7	22.58		
Niski poziom	27	37.50	9	29.03		
Bardzo niski	33	45.83	15	48.39		
Cierpienie z powodu uśpienia śliny						
Bardzo wysoki	0	0.00	0	0.00	1.988	0.370
Wysoki	0	0.00	0	0.00		
Umiarkowany	13	18.06	7	22.58		
Niski poziom	34	47.22	10	32.26		
Bardzo niski	25	34.72	14	45.16		
Cierpienie z powodu bólu ucha						
Bardzo wysoki	3	4.17	4	12.90	2.952	0.566
Wysoki	10	13.89	4	12.90		
Umiarkowany	19	26.39	9	29.04		
Niski poziom	17	23.61	6	19.35		
Bardzo niski	23	31.94	8	25.81		
Cierpienie z powodu bólu głowy						
Bardzo wysoki	4	5.56	4	12.90	3.005	0.557
Wysoki	8	11.11	5	16.13		
Umiarkowany	19	26.39	5	16.13		
Niski poziom	16	22.22	6	19.35		
Bardzo niski	25	34.72	11	35.49		
Cierpienie z powodu bólu oczu						
Bardzo wysoki	8	11.11	4	12.90	1.272	0.866
Wysoki	20	27.78	11	35.49		
Umiarkowany	27	37.50	9	29.03		

Niski poziom	7	9.72	2	6.45		
Bardzo niski	10	13.89	5	16.13		
Cierpienie z powodu lęku i bezsenności						
Bardzo wysoki	2	2.78	8	25.81		
Wysoki	6	8.33	2	6.45		
Umiarkowany	21	29.17	4	12.90	17.37	0.002
Niski poziom	26	36.11	6	19.35		
Bardzo niski	17	23.61	11	35.49		
Cierpienie z powodu zapomnienia						
Bardzo wysoki	7	9.72	11	35.49		
Wysoki	4	5.56	5	16.13		
Umiarkowany	24	33.33	4	12.90	16.02	0.003
Niski poziom	9	12.50	4	12.90		
Bardzo niski	28	38.89	7	22.58		
Na temat zagrożeń dla zdrowia związanych z długotrwałym korzystaniem z telefonu komórkowego.						
Bardzo wysoki	13	18.06	6	19.35		
Wysoki	16	22.22	14	45.16	8.348	0.089
Umiarkowany	26	36.11	4	12.90		
Niski poziom	5	6.94	3	9.69		
Bardzo niski	12	16.67	4	12.90		
Długie korzystanie z telefonu komórkowego prowadzi do obniżenia poziomu moich studiów.						
Bardzo wysoki	6	8.33	5	16.13		
Wysoki	16	22.22	8	25.81	2.215	0.696
Umiarkowany	19	26.39	6	19.35		
Niski poziom	10	13.89	7	22.58		
Bardzo niski	21	29.17	5	16.13		
Spanie przez wystarczający czas bez bezsenności.						
Bardzo wysoki	17	23.61	11	35.49		
Wysoki	11	15.28	4	12.90		
Umiarkowany	30	41.66	12	38.71	8.424	0.077
Niski poziom	3	4.17	4	12.90		
Bardzo niski	11	15.28	0	0.00		

* Obliczone za pomocą testu kwadratowego Chi ($\chi 2$), wartość *P* znacząca przy ≤ 0,05.

Ponadto, wyniki wykazały, że średnie pH spoczynkowej/niestymulowanej śliny wśród grup badanych (grupa II i III) wynosiło odpowiednio 7,24 ± 0,54 i 6,84±0,69, natomiast w grupie kontrolnej 6,94±0,67. Wyniki zapisane w tabeli (4.3) wykazały, że nie stwierdzono istotnej różnicy między trzema grupami o P > 0,05.

Tabela (4.3): Porównanie pH śliny w ślinie spoczynkowej/niestymulowanej wśród grup przypadków w obecnym badaniu.

Odpoczywająca/niestymulowana ślina				
Parametry (średnia±SD)	Grupa kontrolna (Głusi studenci)	Grupy przypadków		Wartość P*
		Grupa II (< 5 lat)	Grupa III 5 ≤(lat)	
pH ślina	0.67±6.94	7.24±054.	6.84±069.	0.187

*Wartości P zostały obliczone za pomocą jednokierunkowej analizy wariancji (ANOVA) z wykorzystaniem testu Tukeya dla wielokrotnych porównań grup i zostały uznane za istotne statystycznie, jeśli wartość P wynosiła < 0,05.

Wyniki przedstawione w tabeli (4.4) i (4.5) pokazują poziom niestymulowanego potasu i sodu w śliniankach w każdej grupie. Na podstawie analizy statystycznej wykonanej testem ANOVA, na podstawie porównania soli sodowej ślinianki pomiędzy grupą I i III, uzyskano wartości istotności statystycznej. Ale nie było znaczenia pomiędzy Grupami II i III, a także Grupami I i II. Wartość potasu w śliniankach wykazała duże znaczenie dla porównania grupy I i grupy II oraz grupy I i grupy III. Ustalenia te nie zostały uznane za statystycznie istotne dla porównania Grupy II i Grupy III.

Tabela (4.4): Średnia wartość i odchylenie standardowe elektrolitów ślinowych w przypadku i w grupach kontrolnych.

Odpoczywająca/niestymulowana ślina						
Leczenie	Sód (mmol/L)			Potas (mmol/L)		
	Zasięg	Mean±SD	Wartość P*	Zasięg	Mean±SD	Wartość P*
Grupa I	9.10-24.05	14.55±4.90	0.029	16.35-29.55	3±22.68.41	0.004
Grupa II	8.70-23.00	3.77±12.56		9.65-27.40	4.27±18.05	
Grupa III	5.65-19.00	3.37±10.84		13.70-28.05	4.23±19.36	

*Wartości P zostały obliczone za pomocą jednokierunkowej analizy wariancji (ANOVA) z wykorzystaniem testu Tukeya dla wielokrotnych porównań grup i zostały uznane za istotne statystycznie, jeśli wartość P wynosiła < 0,05.

Tabela (4.5): Wartości *P* przez ANOVA przy użyciu testu Tukeya dla wielokrotnego grupowego porównywania poziomów śliny **Na+** i **K+**.

Elektrolit ślinny	Porównanie między grupami	Wartości *P*
Na+	Grupa I vs. Grupa II	0,312 NS
	Grupa I vs. Grupa III	0.022*
	Grupa II vs. Grupa III	0,391 NS
K+	Grupa I vs. Grupa II	0.003*
	Grupa I vs. Grupa III	0.042*
	Grupa II vs. Grupa III	0,576 NS

* Wartość *P* istotna przy ≤ 0,05, NS: nieistotna.

Wyniki przedstawione w tabeli (4.6) ilustrują porównanie pomiędzy badanymi grupami w odniesieniu do natężenia przepływu śliny stymulowanej. Analiza wyników wykazała, że uczestnicy grupy kontrolnej wykazywali średnią ślinotokowość na poziomie 0,782±1,66. Grupy przypadków wykazywały odpowiednio 0,992±2,56 i 0,962±2,6 natężenia przepływu śliny w Grupie II i Grupie III. Porównując natężenie przepływu śliny statystycznie stwierdzono istotne różnice (P < 0,01) między grupami.

Tabela (4.6): Średnia wartość i odchylenie standardowe natężenia przepływu śliny w przypadku i w grupach kontrolnych.

Stymulowana ślina				
		Grupy przypadków		
Parametry (średnia±SD)	Grupa kontrolna (Głusi studenci)	Grupa II (< 5 lat)	Grupa III 5 ≤(lat)	Wartość P*
Średnie natężenie przepływu śliny (średnia±SD) ml/min	0.782±1.66	0.992±2.56	0.962±2.61	0,364 NS

*Wartości *P* zostały obliczone za pomocą jednokierunkowej analizy wariancji (ANOVA) z wykorzystaniem testu Tukeya dla wielokrotnych porównań grup i zostały uznane za istotne statystycznie, jeśli wartość *P* wynosiła < 0,05.

Chapter 5
Dyskusja

Rozdział 5

Dyskusja

Obecne badania wykazały zmiany w ogólnym stanie zdrowia, ilości śliny stymulowanej, pH śliny oraz poziomu potasu i sodu w ślinie u użytkowników telefonów komórkowych w porównaniu z osobami nie korzystającymi z telefonów komórkowych (głuchoniemi).

Niniejsze badanie wykazało, że uczestnicy korzystający z telefonu komórkowego mieli kilka problemów zdrowotnych, w tym suchość w ustach, przykry zapach z ust, ślinotok, a także ból uszu i oczu. Większość uczestników korzystających z telefonu komórkowego skarżyła się na ból głowy, lęk, bezsenność (zaburzenia snu) i zapomnienie w porównaniu z uczestnikami głuchymi. Podobne wyniki odnotowano w badaniach Singh et al. (2016) oraz Sharma i Lamba (2017). Zaobserwowali, że osoby mieszkające w pobliżu stacji bazowych skarżyły się na trudności z koncentracją, mdłości, zawroty głowy, zaburzenia snu, drażliwość, depresję, niewyraźne widzenie, brak apetytu, zamieszanie, ból głowy i słabe wyniki w nauce.

Ponadto, ustalenia te wydają się być zbieżne z ustaleniami Blettner et al. (2009), dowiedzieli się oni, że większość uczestników korzystających z telefonu komórkowego skarżyła się na ból głowy i zawroty głowy. Zaobserwowano również, że uczestnicy byli zaniepokojeni niekorzystnymi skutkami narażenia na promieniowanie emitowane przez telefon komórkowy. Vijay i Choudhary (2017) przeprowadzili szeroko zakrojone badania w celu zbadania wpływu mobilnego promieniowania wieżowego na zdrowie ludzkie. Pytali uczestników o występowanie jakichkolwiek chorób. Dowiedzieli się, że 90% uczestników przyznało, że ma problem z bólem głowy. 86% ma depresję, 72% zgłosiło zaburzenia snu (bezsenność), 50% zgłosiło nudności, a 48% zgłosiło zmęczenie. Uczestnicy zgłosili również, że z powodu tych ruchomych wież stoją w obliczu pewnego rodzaju chorób fizycznych i psychicznych. Autor wykazał, że 64% uczestników skarżyło się, że stali się pacjentami astmy, 50% uczestników obwiniało te ruchome wieże za raka, 22% za chorobę Alzheimera, 14% za stwardnienie rozsiane i 10% za guza mózgu.

Ostatnio Nath (2018) przeprowadził kompleksowe badanie dotyczące negatywnego wpływu telefonów komórkowych na zdrowie człowieka. Udokumentował kilka problemów związanych z oczami, stylem życia, postawą, ostrością. W odniesieniu do problemów stworzonych na oku stwierdził, że intensywne zmiany w grafice, liczbach, jasności i szczegółach są uważane za jedną z głównych przyczyn syndromu przewlekłego suchego oka. Istnieje wiele chorób wynikających z niewłaściwej postawy podczas wielogodzinnego korzystania z telefonów komórkowych, takich jak skurcze mięśni i niepokój, zapalenie kręgosłupa szyjnego, łokieć golfowy, sztywność kciuków, szyi i pleców. Ponadto autor poinformował, że korzystanie z telefonu komórkowego przyczynia się do rozwoju bezsenności. Autorka wspomniała, że uczestnicy, którzy byli narażeni na promieniowanie z telefonów komórkowych, mieli znacznie trudniejszy czas zasypiania i zmiany w przebiegu fal mózgowych w porównaniu z innymi, którzy nie byli narażeni na promieniowanie z telefonów komórkowych. Ponadto, spanie w pobliżu telefonu lub w domu z Wi-Fi może stwarzać chroniczne problemy ze snem, ponieważ ciągłe bombardowanie Wi-Fi zakłóca zasypianie i zaburzenia snu (Nath, 2018).

Przyczyny stojące za trudnościami w spaniu i cierpieniem na bezsenność okazały się podobne do przyczyn podanych wcześniej w innym badaniu Wood et al. (2006). Zgłosili, że wieczorna ekspozycja na promieniowanie telefonu komórkowego może mieć wpływ na produkcję melatoniny. Badania na ludziach wykazały negatywny wpływ promieniowania elektromagnetycznego emitowanego przez telefony komórkowe na elektroencefalogramy senne (Loughran i in., 2005) oraz zmniejszoną produkcję melatoniny (Jarupat i in., 2003). Postawiono hipotezę, że związek między ekspozycją na promieniowanie telefonu komórkowego a zaburzeniami snu wynikał ze stłumionego nocnego wydalania melatoniny przez ekspozycję na promieniowanie pola elektromagnetycznego (Wood et al., 2006). Ponadto, Altpeter i in. (2006) stwierdził, że jakość snu poprawiła się po wycofaniu magnetycznego field ekspozycji (wyłączenie nadajnika nadawczego), a oni znaleźli dowody sugerujące odbicie w nocnym wydalaniu melatoniny w biednych podkładów.

Na podstawie niniejszego badania, wyniki wykazały niewielką różnicę w średniej wartości pH śliny u narażonych uczestników, ale nie stwierdzono, aby difference był statystycznie istotny. W przypadku grup i grup kontrolnych, uczestnicy mają prawie takie samo pH ślinianki. Podobnie wyniki te zostały uzyskane przez Singh et al. (2016). Ujawniły one, że nie stwierdzono istotnych różnic w pH ślinotokowym między uczestnikami, którzy mieszkali w pobliżu stacji bazowej telefonu komórkowego, a pozostałymi uczestnikami (kontrola), którzy mieszkali 1 km od stacji bazowej telefonu komórkowego. Zwrócili uwagę, że średnie pH niestymulowanej śliny w grupie badanej i kontrolnej wynosiło odpowiednio 7,09±0,52 i 6,80±0,49. Niedawno Nanjannawar i wsp. (2017) przeprowadzili eksperyment mający na celu ocenę poziomu jonów niklu w ślinie oraz pH śliny u użytkowników telefonów komórkowych poddawanych leczeniu ortodontycznemu. Analiza statystyczna ich badań wykazała, że chociaż poziom pH w grupie doświadczalnej był obniżony w porównaniu z grupą kontrolną, wyniki były nieistotne. Stwierdzili oni, że korzystanie z telefonu komórkowego może wpływać na pH śliny pacjentów ze stałymi urządzeniami ortodontycznymi w jamie ustnej.

W odniesieniu do natężenia przepływu śliny, wyniki wykazały, że natężenie przepływu wzrosło w grupie przypadków w porównaniu z grupą kontrolną. Podobnie, Bhargava i jego współpracownicy wcześniej stwierdzili znaczny wzrost przepływu śliny w przypadku ciężkich użytkowników telefonów komórkowych (uczestnicy korzystali z telefonu komórkowego średnio przez ponad 2 godziny dziennie) w porównaniu z grupą kontrolną (uczestnicy korzystali z telefonu komórkowego średnio przez mniej niż 2 godziny dziennie (Bhargava i in., 2012). W 2014 roku Hashemipour i jego współpracownicy przeprowadzili innowacyjne badanie, w którym ocenili wpływ używania telefonu komórkowego na stężenie białka, amylazy, lipazy, immunoglobuliny A, lizozymu, laktoferyny, peroksydazy i białka C-reaktywnego ślinianki przyusznej. Ujawniły one, że natężenie przepływu śliny było znacznie wyższe po prawej stronie w porównaniu z lewą w tych, które posiadały głównie telefony komórkowe po prawej stronie. Strona dominującego użytkowania telefonów komórkowych związana była z różnicami w przepływie śliny, u użytkowników zdominowanych przez prawo.

Ponadto Arbabi-Kalati i wsp. (2014) zbadali wpływ czasu używania telefonu komórkowego na całkowitą zdolność przeciwutleniającą śliny. Podzieliły one uczestników na 3 grupy: Grupa 1: czy osoby korzystające z telefonu komórkowego przez mniej niż 20 minut dziennie, druga grupa: osoby korzystające z telefonu komórkowego przez 20-60 minut dziennie i trzecia grupa: osoby korzystające z telefonu komórkowego przez ponad godzinę dziennie. Wykazały one, że istnieje statystyczna różnica między pierwszą (poniżej 20 min) a drugą (między 20 min a 1 godz.) grupą w zakresie niestymulowanego przepływu śliny. Przepływ wynagrodzeń został zmniejszony u osób rozmawiających przez telefon komórkowy od 20 minut do 1 godziny. Ponieważ jednak czas korzystania z telefonu komórkowego przekracza 1 godzinę, zwiększy się również przepływ śliny. W badaniach Goldweina i Aframiana (2010) udokumentowali oni, że u użytkowników telefonów komórkowych zwiększyło się natężenie przepływu śliny, gdy na przestrzeni lat zwiększyło się wykorzystanie telefonów komórkowych, zwiększył się również przepływ śliny. Niedawno Mishra i wsp. (2017 i 2018) udokumentowali, że zwiększa się szybkość przepływu śliny i następuje zmiana profilu ekspresji cytokin gruczołu ślinowego u użytkowników ciężkich telefonów komórkowych.

Przyczyny stojące za wzrostem przepływu śliny okazały się podobne do wymienionych wcześniej w badaniu Goldwein i Aframian (2010). Raportowali oni, że promieniowanie emitowane z telefonów komórkowych jest rodzajem energii mikrofalowej, która jest pochłaniana przez wodę zawartą w komórkach i tkankach, a następnie prowadzi do podniesienia ich temperatury. Długotrwała ekspozycja na ciepło, które uwalnia się z telefonu komórkowego, zwiększa przepływ krwi kapilarnej przylegającej do ślinianek przyusznych i powoduje wzrost perfuzji oraz zwiększenie szybkości przepływu śliny.

Sprzeczne wyniki zostały uzyskane przez zostały wcześniej zgłoszone w badaniu Singh et al. (2016). Dowiedzieli się oni, że uczestnicy przebywający w pobliżu ruchomych wież mieli niskie wydzielanie śliny w porównaniu z grupą kontrolną. Ponadto De Souza i in. (2014) poinformowali, że tempo przepływu śliny przyusznej nie uległo zmianie z powodu narażenia gruczołów ślinowych na promieniowanie telefonu komórkowego. W badaniu Shivashankara i in. (2015) ocenili poziom enzymów ślinowych, białka i układu oksydacyjno-utleniającego u młodych użytkowników telefonów komórkowych z uczelni. Użytkownicy komórkowi zostali podzieleni na dwie grupy: grupa 1 była mniej mobilna, a grupa 2 była wysoko mobilna, na podstawie czasu trwania i częstotliwości korzystania z komórki. Analiza statystyczna ich badań wykazała, że choć w grupie 2 przepływ śliny był mniejszy niż w grupie 1, wyniki były nieistotne.

Badanie to wykazało również, że pomiędzy poziomami śliny Na+ i K+ w tych trzech grupach istniała znacząca różnica. Poziom wynagrodzeń Na+ i K+ był istotnie niższy u użytkowników telefonów komórkowych w porównaniu z osobami nie korzystającymi z telefonów komórkowych. Wbrew naszym wynikom Ali Taghavi-Zonuz i in. (2017) stwierdzili, że nie ma istotnej różnicy pomiędzy poziomami Na+ i K+ pomiędzy użytkownikami telefonów komórkowych a innymi głuchoniemymi uczestnikami.

Rozdział 6

Wnioski izalecenia R

6.1. Wnioski

Niniejsze badanie przeprowadzono w celu zbadania wpływu promieniowania elektromagnetycznego telefonów komórkowych na ogólny stan zdrowia i funkcje ślinianki. Badanie to składa się z dwóch części: zastosowania kwestionariusza i oceny parametru ślinotokowego . Opracowano i zastosowano kwestionariusz dla 103 zdrowych i 36 głuchych uczennic, aby wybrać przypadki spełniające kryteria włączenia. Do oceny parametrów ślinotokowych uczestników podzielono na trzy grupy. Grupa I była grupą kontrolną, w skład której wchodziło 17 głuchoniemych studentów. Grupa II to zdrowi uczniowie, którzy mają telefon komórkowy przez mniej niż 5 lat. Grupa III to zdrowi studenci, którzy mają telefon komórkowy przez 5 lub więcej lat. Na podstawie uzyskanych wyników można wyciągnąć następujące wnioski:

1. Wyniki niniejszego badania wskazują na niekorzystny wpływ używania telefonów komórkowych na ogólny stan zdrowia. Wyniki wykazały, że uczestnicy korzystający z telefonu komórkowego mieli kilka problemów zdrowotnych, w tym suchość w ustach, przykry zapach z ust, ślinotok, a także ból uszu i oczu.
2. Większość uczestników korzystających z telefonu komórkowego skarżyła się na ból głowy, lęk, bezsenność (zaburzenia snu) i zapomnienie w porównaniu z uczestnikami głuchymi.
3. Parametry biochemiczne śliny służą jako czułe wskaźniki zdrowia użytkowników mobilnych, takie jak pH, natężenie przepływu i poziom elektrolitów w ślinie. W odniesieniu do pH śliny i natężenia przepływu, różnice nie były istotne we wszystkich badanych grupach. Ponadto badanie

to wykazało, że pomiędzy poziomami śliny Na+ i K+ w tych trzech grupach istniała znacząca różnica.

4. Poziom wynagrodzeń Na+ i K+ był istotnie niższy u użytkowników telefonów komórkowych w porównaniu z osobami nie korzystającymi z telefonów komórkowych.

6.2. Zalecenia

W świetle powyższych wniosków można zalecić, co następuje:

1 Minimalizowanie korzystania z telefonów komórkowych w jak największym stopniu.

2 Trzymanie telefonu komórkowego z dala od ciała przez cały czas.

3 Utrzymywanie bezpiecznej odległości od telefonu komórkowego podczas rozmowy na nim.

4. Wyłączanie telefonów komórkowych i WiFi, gdy z nich nie korzystasz.

5. Istnieje potrzeba przeprowadzenia szeroko zakrojonych badań, które zbadają wpływ EMR emitowanego przez telefon komórkowy na ogólne zdrowie człowieka na poziomie molekularnym, komórkowym i genetycznym.

6. Ponadto, dla przyszłych prac, znalezienie leczenia negatywnych skutków narażenia na fale elektromagnetyczne poprzez spożywanie oliwy z oliwek

Referencje

Referencje

Aalto, S., Haarala, C., Brück, A., Sipilä, H., Hämäläinen, H., & Rinne, J. O. (2006). Telefon komórkowy wpływa na mózgowy przepływ krwi u ludzi. *Journal of Cerebral Blood Flow & Metabolism, 26*(7), 885-890.

Abu Khadra, K. M., Khalil, A. M., Abu Samak, M., & Aljaberi, A. (2014). Profil antyoksydacyjny śliny wśród młodych mężczyzn korzystających z telefonów komórkowych. *Jordan journal of biological sciences*, 147(1573), 1-6.

Adhauliya, N., Annigeri, R. G., Ali, I. M., & Kalappanavar, A. N. (2015). Czy promieniowanie o częstotliwości radiowej emitowane przez telefony komórkowe jest powodem do niepokoju? Recenzja dentysty. *Journal of Medicine, Radiology, Pathology & Surgery, 1, 15-20.*

Agarwal, A., Deepinder, F., Sharma, R. K., Ranga, G., & Li, J. (2008). Wpływ korzystania z telefonu komórkowego na analizę nasienia u mężczyzn uczęszczających do kliniki niepłodności: badanie obserwacyjne. *Płodność i sterylność, 89*(1), 124-128.

Agarwal, A., Singh, A., Hamada, A., & Kesari, K. (2011). Telefony komórkowe i męska niepłodność: przegląd najnowszych innowacji w technologii i ich konsekwencji. *International braz j urol, 37*(4), 432-454.

Akbal, A., Kıran, Y., Şahin, A., Turgut Balik, D., & Balık, H. H. (2012). Wpływ fal elektromagnetycznych emitowanych przez telefony komórkowe na kiełkowanie, wzrost korzeni i mitotyczny podział komórek wierzchołka korzenia Lens culinaris Medik. *Polish Journal of Environmental Studies*, 2012, 21, 23-29.

Altpeter, E. S., Röösli, M., Battaglia, M., Pfluger, D., Minder, C. E., & Abelin, T. (2006). Wpływ krótkofalowych (6-22 MHz) pól magnetycznych na jakość snu i cyklu melatoniny u ludzi: Schwarzenburg badanie zamknięcia. *Bioelektromagnetyka: Journal of the Bioelectromagnetics Society, The Society for Physical Regulation in Biology and Medicine, The European Bioelectromagnetics Association, 27*(2), 142-150.

Al Attar, E.M., El Wasife, K.Y., Radwan, E.S., & El Rifi, Y.A. (2017). Reakcja sadzonek kukurydzy (Zea Mays), bazylii (*Ocimum Basilicum*) i bakłażana (*Solanum Melongena*) na promieniowanie WI-FI. *Rumuński dziennik biofizyki, 27*(4), 137-150.

Al Attar, E.M., El Wasife, K.Y., Radwan, E.S., & Al Agha, A.M. (2018). Wpływ wody uzdatnionej mikrofalami na wzrost sadzonek kukurydzy (*Zea Mays*) i pieprzu (*Capsicum Annuum*). *Rumuński dziennik biofizyki, 28*(3), 115-124.

Alattar, E. M., Elwasife, K. Y., Radwan, E. S., & Elrifi, Y. (2017). Reakcja sadzonek kukurydzy (Zea mays), bazylii (Ocimum basilicum) i bakłażana (Solanum melongena) na promieniowanie Wi-Fi. *Rumuński dziennik biofizyki*, 27, 137-150.

Alattar, E. M., Elwasife, K. Y., Radwan, E. S., & Alagha, A. (2018). Wpływ wody uzdatnionej mikrofalami na wzrost sadzonek kukurydzy (*Zea mays*) i pieprzu (*Capsicum annuum*) na promieniowanie Wi-Fi. *Rumuński dziennik biofizyki*, 28 (*3*), 115-124.

Alattar, E. M., Elwasife, K. Y., Radwan, E. S., Abu Warda, H., & Abujami, M. (2019). Eksperymentalne badanie wpływu promieniowania elektromagnetycznego emitowanego przez telefon komórkowy na ogólny stan zdrowia, pH, wskaźnik przepływu i stężenie elektrolitów w ślinie u dorosłych kobiet. *International Journal of Biology*, 11(1), 10-21.

Altun, G., Deniz, Ö. G., Yurt, K. K., Davis, D., & Kaplan, S. (2018). Wpływ ekspozycji na telefon komórkowy na metabolomikę męskiego i żeńskiego układu rozrodczego. *Badania środowiskowe*, https://www.sciencedirect.com/science/article/pii/S0013935118300999?via%3Dihub

Arbabi-Kalati, F., Salimi, S., Vaziry-Rabiee, A., & Noraeei, M. (2014). Effect of mobile use time on total antioxidant capacity of saliva and salivary immunoglobulin A. *Iranian journal of public health, 43*(4), 480-484.

Auvinen, A., Hietanen, M., Luukkonen, R., & Koskela, R. S. (2002). Guzów mózgu i raka ślinianki wśród użytkowników telefonów komórkowych. *Epidemiologia*,

13(3), 356-359.

Avendano, C., Mata, A., Sarmiento, C. A. S., & Doncel, G. F. (2012). Korzystanie z laptopów podłączonych do Internetu przez Wi-Fi zmniejsza ruchliwość plemników i zwiększa fragmentację DNA plemników. *Płodność i sterylność*, *97*(1), 39-45.

Aydogan, F., Unlu, İ., Aydin, E., Yumusak, N., Devrim, E., Samim, E. E., Ozgur, E., Unsal, V, Tomruk, A, Oztruk, G. G., & Seyhan, N. (2015). Wpływ promieniowania o częstotliwości radiowej 2100 MHz telefonu komórkowego 3G na śliniankę przyusznicową szczurów. *American journal of otolaryngology*, 36(1), 39-46.

Baby, N. M., Koshy, G., & Mathew, A. (2017). Wpływ promieniowania elektromagnetycznego spowodowanego korzystaniem z telefonu komórkowego na czynność tarczycy u studentów medycyny studiujących na uczelni medycznej w Indiach Południowych. *Indyjski dziennik endokrynologii i metabolizmu, 21*(6), 797-802.

Bhargava, S., Motwani, M. B., & Patni, V. M. (2012). Wpływ używania telefonu komórkowego na szybkość i objętość przepływu śliny w śliniankach ślinianek przyusznych. *Chirurgia jamy ustnej, medycyna jamy ustnej, patologia jamy ustnej i radiologia jamy ustnej, 114*(2), 200-206.

Bhat, M A. (2013). Wpływ fal elektromagnetycznych emitowanych przez telefony komórkowe na męską płodność. *Computer Engineering & Intelligent Systems, 4*(3), 51-64.

Benlaidi, F. Z., & El Kharroussi, M. (2011). Wpływ fal elektromagnetycznych generowanych przez GSM na pamięć i zachowanie u szczurów. *Journal of plant physiology, 2,* 149-156.

Blettner, M., Schlehofer, B., Breckenkamp, J., Kowall, B., Schmiedel, S., Reis, U., Potthoff, P., Schuez, J., & Berg-Beckhoff, G. (2009). Stacje bazowe telefonii komórkowej i negatywne skutki dla zdrowia: faza 1 badania przekrojowego w Niemczech, opartego na populacji. *Medycyna zawodowa i środowiskowa, 66*(2),

118-123.

Browne, Michael (2013). Fizyka dla Inżynierii i Nauki, s. 427 (wyd. 2). McGraw Hill/Schaum, Nowy Jork. ISBN 978-0-07-161399-6.; p319.

Brzozek, C., Benke, K. K., Zeleke, B. M., Abramson, M. J., & Benke, G. (2018). Promieniowanie elektromagnetyczne o częstotliwości radiowej i wydajność pamięci: Źródła niepewności w badaniach kohorty epidemiologicznej. *International journal of environmental research and public health*, *15*(4), 592-.

Byun, Y. H., Ha, M., Kwon, H. J., Hong, Y. C., Leem, J. H., Sakong, J., Kim, S.Y., Lee, C.G., Kang, D., Choi, H.D., & Kim, N. (2013). Używanie telefonów komórkowych, poziom ołowiu we krwi oraz objawy nadpobudliwości uwagi u dzieci: badanie podłużne. *PLoS One*, *8*(3), e59742-10.1371/journal.pone.0059742.

Cammaerts, M. C., Rachidi, Z., Bellens, F., & De Doncker, P. (2013). Zbieranie żywności i reakcja na feromony u gatunku mrówek narażonych na promieniowanie elektromagnetyczne. *Biologia i medycyna elektromagnetyczna*, *32*(3), 315-332.

Cech, R., Leitgeb, N., & Pediaditis, M. (2007). Gęstości prądu w modelu kobiety ciężarnej indukowane przez jednoczesną ekspozycję na pole elektryczne i magnetyczne ELF. *Physics in Medicine & Biology, 53*(1), 177-186.

Curcio, G. (2018). Wydajność psychomotoryczna człowieka w warunkach narażenia na działanie pól elektromagnetycznych podobnych do tych, które występują w telefonach komórkowych. W *Encyklopedii Informatyki i Technologii Informacyjnej, wydanie czwarte* (str. 6124-6135), DOI: 10.4018/978-1-5225-2255-3.ch532

Dagli, R., & Hans, R. (2015). Wpływ promieniowania telefonu komórkowego na zdrowie jamy ustnej. *Journal of international oral health*, *7*(1), i-ii.

Daroit, N. B., Visioli, F., Magnusson, A. S., Vieira, G. R., & Rados, P. V. (2015). Promieniowanie z telefonów komórkowych wpływa na zaburzenia cytogenetyczne komórek błony śluzowej jamy ustnej. *Brazilian oral research*,

29(1), 1-8.

Dabla, K., Singh, K. (2016). Wpływ fal elektromagnetycznych emitowanych przez telefon komórkowy na prędkość przewodzenia nerwów u dorosłych mężczyzn. *International Journal of All Research Education and Scientific Methods*, *4*, 23-27.

De Souza, F. T., Silva, J. F., Ferreira, E. F., Siqueira, E. C., Duarte, A. P., Gomez, M. V., Gomez, R, & Gomes, C. C. (2014). Używanie telefonu komórkowego i zmiany w śliniankach przyusznicowych: Brak dowodów molekularnych. *Biomarkery Epidemiologii i Zapobiegania Rakom*, 23(7):1428-1431.

Dickson, D., Industrial Wireless Technology, Phoenix Contact, 2006.

Duan, Y., Zhang, H. Z., & Bu, R. F. (2011). Korelacja między korzystaniem z telefonu komórkowego a złośliwymi nowotworami nabłonkowej ślinianki przyusznej. *International journal of oral and maxillofacial surgery*, 40(9), 966-972.

Esmaili, M., Masoumi, H., Jadidi, M., Miladi-Gorji, H., & Nazari, H. (2017). Wpływ ostrego promieniowania telefonu komórkowego na poziom lęku u szczurów płci męskiej. *Middle East Journal of Rehabilitation and Health*, *4*(2), e43478.

Farag, E. A., & Yousry, M. M. (2018). Wpływ fal elektromagnetycznych telefonu komórkowego na jądra szczurów i ewentualna rola naprawcza Naringeninu: Badanie histologiczne. *Egyptian Journal of Histology*, *41*(1), 108-121.

Falcioni, L., Bua, L., Tibaldi, E., Lauriola, M., De Angelis, L., Gnudi, F., Mandrioli, D;Manservigi, M.; Manservisi, F; Manzoli, I.; Menghetti, I.; Montella, R.; Panzacchi, S.; Sgargi, D.; Strollo, V.; Vornoli, A., & Belpoggi, F. (2018). Sprawozdanie z końcowych wyników dotyczących guzów mózgu i serca u szczurów rasy Sprague-Dawley narażonych od życia prenatalnego do naturalnej śmierci na działanie pola o częstotliwości radiowej telefonu komórkowego reprezentatywnego dla emisji środowiskowej stacji bazowej GSM 1,8 GHz. *Badania środowiskowe*, *165*, 496-503.

Fox, P. C., & Ship, J. A. (2008). Choroby gruczołów ślinowych. W: Greenberg MS,

Glick M, Ship JA, redaktorzy. *Burket's Oral Medicine*. Hamilton: BC Decker Inc., str. 191-222.

Ghoneim, F.M., Arafat, E.A. (2016). Badanie histologiczne i histochemiczne ochronnej roli wyciągu z rozmarynu przed szkodliwym wpływem promieniowania elektromagnetycznego telefonu komórkowego na ślinianki przyuszne. *Acta Histochem*, 118(5):478-85.

Goldwein, O., & Aframian, D. J. (2010). Wpływ podręcznych telefonów komórkowych na wydzielinę ludzkich ślinianek przyusznych. *Choroby jamy ustnej*, *16*(2), 146-150.

Gupta, S. , Gautam, P. (2017). Wpływ promieniowania telefonu komórkowego na tarczyce szczurów. *Journal of the Anatomical Society of India*, 66, S1-S78, https://doi.org/10.1016/j.jasi.2017.08.036.

Hardell, L., Hallquist, A., Mild, K. H., Carlberg, M., Gertzen, H., Schildt, E. B., & Dahlqvist, Å. (2004). Brak związku między używaniem telefonów komórkowych lub bezprzewodowych a guzami ślinianek. *Medycyna zawodowa i środowiskowa*, 61(8), 675-679.

Hamzany, Y., Feinmesser, R., Shpitzer, T., Mizrachi, A., Hilly, O., Hod, R., Bahar, G., Otradnov, I., Gavish, M., & Nagler, R. M. (2013). Czy ludzka ślina jest wskaźnikiem niekorzystnego wpływu używania telefonów komórkowych na zdrowie? *Sygnał antyoksydacyjny Redox*, 18:622-627.

Hashemipour, M. S., Yarbakht, M., Gholamhosseinian, A., & Famori, H. (2014). Wpływ używania telefonu komórkowego na stężenie białka, amylazy, lipazy, immunoglobuliny A, lizozymu, laktoferyny, peroksydazy i białka C-reaktywnego ślinianki przyusznej. *The Journal of Laryngology & Otology,* 128(5), 454-462.

Hamzany, Y., Feinmesser, R., Shpitzer, T., Mizrachi, A., Hilly, O., Hod, R., Bahar, G., Otradnov, I., Gavish, M., & Nagler, R.M. (2013). Czy ludzka ślina jest wskaźnikiem negatywnych skutków zdrowotnych używania telefonów komórkowych? *Antyoksydanty i Redox Signaling, 18(6)*, 622-627.

Hintzsche, H., & Stopper, H. (2010). Częstotliwość mikrojądra w komórkach błony śluzowej policzka użytkowników telefonów komórkowych. *Listy toksykologiczne, 193*(1), 124-130.

Jarupat, S., Kawabata, A., Tokura, H., & Borkiewicz, A. (2003). Wpływ pola elektromagnetycznego 1900 MHz emitowanego przez telefon komórkowy na nocne wydzielanie melatoniny. *Journal of physiological anthropology and applied human science, 22*(1), 61-63.

Kaufman, E., & Lamster, I. B. (2002). Zastosowania diagnostyczne śliny - przegląd. *Recenzje krytyczne z dziedziny biologii i medycyny jamy ustnej, 13*(2), 197-212.

Kaur, M., & Khera, K. S. (2018). Wpływ promieniowania telefonu komórkowego na przysadkę mózgową i parametry biochemiczne u szczura albinosów. *Octa Journal of Biosciences, 6*(1), 1-4.

Kesari, K. K., Meena, R., Nirala, J., Kumar, J., & Verma, H. N. (2014). Wpływ ekspozycji telefonu komórkowego 3G z komputerowo sterowanym silnikiem krokowym 2-D na nietermiczną aktywację szlaku stresu hsp27/p38MAPK w mózgu szczura. *Biochemia komórkowa i biofizyka*, 68(2), 347-358.

Khalil, A. M., Abu Khadra, K. M., Aljaberi, A. M., Gagaa, M. H., & Issa, H. S. (2014). Ocena stanu utleniacza/przeciwutleniacza w ślinie użytkowników telefonów komórkowych. *Biologia i medycyna elektromagnetyczna*, 33(2), 92-97.

Koca, O., Gökçe, A. M., Öztürk, M. I., Ercan, F., Yurdakul, N., & Karaman, M. I. (2013). Wpływ intensywnego używania telefonu komórkowego (Philips Genic 900) na tkankę nerki szczura. *Dziennik Urologiczny*, 10(2), 886-891.

Kramarenko, A. V., & Tan, U. (2003). Wpływ pól elektromagnetycznych o wysokiej częstotliwości na ludzkie EEG: badanie mapowania mózgu. *International Journal of Neuroscience, 113*(7), 1007-1019.

Loughran, S. P., Wood, A. W., Barton, J. M., Croft, R. J., Thompson, B., & Stough, C. (2005). Wpływ pól elektromagnetycznych emitowanych przez telefony komórkowe na ludzki sen. *Neuroreport, 16*(17), 1973-1976.

Lönn, S., Ahlbom, A., Christensen, H. C., Johansen, C., Schüz, J., Edström, S., Henriksson, G., Lundgren, J., Wennerberg, J., & Feychting, M. (2006).

Korzystanie z telefonu komórkowego i ryzyko wystąpienia guza ślinianki przyusznej. *American journal of epidemiology*, 164(7), 637-643.

Lu, X., Oda, M., Ohba, T., Mitsubuchi, H., Masuda, S., & Katoh, T. (2017). Stowarzyszenie nadmiernego korzystania z telefonów komórkowych podczas ciąży z masą urodzeniową: badanie adiunktalne w Kumamoto of Japan Environment and Children's Study. *Zdrowie środowiskowe i medycyna profilaktyczna*, *22*(52), 1-8.

Makker, K., Varghese, A., Desai, N. R., Mouradi, R., & Agarwal, A. (2009). Telefony komórkowe: nemezis nowoczesnego człowieka? *Biomedycyna reprodukcyjna Online,* 18(1), 148-157.

Mahmoudi, G., Nikzad, S., Mehrpouyan, M., Moslehi, M., Baradaran-Ghahfarokhi, M., & Dashty, A. (2018). Wpływ przedłużonego promieniowania telefonu komórkowego na komórki nerkowe; Badanie in vitro. *Journal of Renal Injury Prevention*, *7*(3), 175-179.

Misek, J., Belyaev, I., Jakusova, V., Tonhajzerova, I., Barabas, J., & Jakus, J. (2018). Zmienność rytmu serca, na którą wpływa pole elektromagnetyczne o częstotliwości radiowej u nastolatków. *Bioelektromagnetyka*, *39*(4), 277-288.

Mishra, S. K., Chowdhary, R., Kumari, S., & Rao, S. B. (2017). Wpływ promieniowania telefonu komórkowego na struktury twarzowe: Systematyczny przegląd. *Journal of clinical and diagnostic research*, *11*(5), ZE01-ZE05.

Nakamura, H., Seto, T., Nagase, H., Yoshida, M., Dan, S., & Ogino, K. (1997). Wpływ ekspozycji na mikrofale na odporność komórkową i sterydy łożyskowe u ciężarnych szczurów. *Medycyna zawodowa i środowiskowa*, 54(9), 676-680.

Mishra, S. K., & Chowdhary, R. (2018). Czy promieniowanie emitowane przez telefon komórkowy wpływa na struktury twarzy i implanty dentystyczne? *International Journal of Environmental Health Engineering*, *7*(1), 1-1.

Nanjannawar, L. G., Girme, T. S., Agrawal, J. M., Agrawal, M. S., Fulari, S. G., Shetti, S. S., & Kagi, V. A. (2017). Wpływ użycia telefonu komórkowego na uwalnianie jonów niklu i pH śliny u pacjentów poddawanych stałemu leczeniu ortodontycznemu. *Dziennik badań klinicznych i diagnostycznych: JCDR, 11*(9), ZC84- ZC87.

Nath, A. (2018). Kompleksowe badania nad negatywnym wpływem telefonu komórkowego/telefonu komórkowego na zdrowie człowieka. *International Journal of Innovative Research in Computer and Communication Engineering, 6*(1), 575- 581.

Ng, K.-H. (2003). Promieniowanie niejonizujące: źródła, skutki biologiczne, emisje i narażenie. In Proceedings of the International Conference on Non-Ionizing Radiation at UNITEN (ICNIR2003) Electromagnetic Fields and Our Health (Selangor, Malaysia, 2003), pp. 1-16.

Oh, J. J., Byun, S. S., Lee, S. E., Choe, G., & Hong, S. K. (2018). Wpływ fal elektromagnetycznych z telefonów komórkowych na spermatogenezę w erze 4G-LTE. *BioMed research international, 2018*, 1-8.

Pattanaik, S. (2012). Biologiczne oddziaływanie promieniowania RF/MW na człowieka. *Scholars Research Library, Archives of Applied Science Research, Department of Electronics, Berhampur University, Berhampur,* India, *4*(1), 381-387.

Panagopoulos, D.J. (2012). Gametogeneza, rozwój embrionalny i postembrionalny Drosophila melanogaster, jako modelowy system oceny promieniowania i genotoksyczności środowiskowej .Nowy Jork, USA, 1-38, ISBN: 978-1-61470-279-5

Purcell, E. M., & Morin, D. J. (2013). Elektryczność i magnetyzm, (wyd. 3.). Cambridge University Press, Nowy Jork. ISBN 978-1-107-01402-2. str. 430.

Repacholi, M. H., Lerchl, A., Röösli, M., Sienkiewicz, Z., Auvinen, A., Breckenkamp, J., d'Inzeo, G., Elliott, P., Frei, P., Heinrich, S., Lagroye, I., Lahkola, A., McCormick, D. L., Thomas, S., & Vecchia, P. (2012). Systematyczny przegląd korzystania z telefonów bezprzewodowych oraz raka mózgu i innych guzów głowy. *Bioelektromagnetyka*, 33(3), 187-206.

Röösli, M., Michel, G., Kuehni, C. E., & Spoerri, A. (2007). Korzystanie z telefonu komórkowego i trendy czasowe w śmiertelności z powodu nowotworów mózgu w Szwajcarii w latach 1969-2002. *Europejskie czasopismo profilaktyki nowotworowej*, *16*(1), 77-82.

Rcs-Llor I, Sanchez-Siles M, Camacho-Alonso F, & Lopez-Jornet P. (2012). Wpływ telefonów komórkowych na częstotliwość mikrojądrową w złuszczonych komórkach błony śluzowej jamy ustnej człowieka. *Choroby jamy ustnej*, 18(8), 786-792.

Sadetzki, S., Chetrit, A., Jarus-Hakak, A., Cardis, E., Deutch, Y., Duvdevani, S., Zultan, A., Novikov, I., Freedman, L. & Wolf, M. (2007). Korzystanie z telefonu komórkowego i ryzyko wystąpienia łagodnych i złośliwych guzów ślinianki przyusznej - ogólnokrajowe badanie kontroli przypadków. *American journal of epidemiology*, 167(4), 457-467.

Saikhedkar, N., Bhatnagar, M., Jain, A., Sukhwal, P., Sharma, C., & Jaiswal, N. (2014). Wpływ promieniowania telefonu komórkowego (częstotliwość radiowa 900 MHz) na strukturę i funkcje mózgu szczura. *Badania neurologiczne*, *36*(12), 1072-1079.

Satta, G., Mascia, N., Serra, T., Salis, A., Saba, L., Sanna, S., Zucca, M., Angelucci, E., Gabbas, A., Culurgioni, F., P., Mura, E., Cappai, M., Ennas, M., Cocco, P., & Pili, P. (2018). Szacunki dotyczące narażenia środowiska na pola elektromagnetyczne o częstotliwości radiowej i zagrożenia związane z podtypami chłoniaków. *Badania nad promieniowaniem*, *189*(5), 541-547.

Schüz, J., Jacobsen, R., Olsen, J. H., Boice Jr, J. D., McLaughlin, J. K., & Johansen, C. (2006). Korzystanie z telefonu komórkowego i ryzyko zachorowania na raka: aktualizacja ogólnokrajowej duńskiej kohorty. *Journal of the National Cancer Institute*, 98(23), 1707-1713.

Sharma, V. P., & Kumar, N. R. (2010). Zmiany w zachowaniu i biologii pszczół miodnych pod wpływem promieniowania z telefonów komórkowych. *Current Science(Bangalore)*, *98*(10), 1376-1378.

Shalatonin, V. (2012). Właściwości biofizyczne wody ciekłej narażonej na promieniowanie o częstotliwości radiowej EM. W *promieniowaniu elektromagnetycznym*. IntechOpen.

Shivashankara, A. R., Joy, J., Sunitha, V., Rai, M. P., Rao, S., Nambranathayil, S., & Baliga, M. S. (2015). Wpływ używania telefonu komórkowego na stężenie białka całkowitego w ślinie, enzymów i markerów stresu oksydacyjnego u młodych dorosłych: badanie pilotażowe. *Journal of clinical and diagnostic research*, *9*(2), BC19-BC22.

Sharma, A. B., & Lamba, O. S. (2017). Recenzja: Źródło i wpływ promieniowania komunikacyjnego w łączności ruchomej na zdrowie człowieka. *Postępy w dziedzinie łączności bezprzewodowej i komórkowej*, *10*(3), 423-35.

Shojaeifard, M. B., Jarideh, S., Owjfard, M., Nematollahii, S., Talaei-Khozani, T., & Malekzadeh, S. (2018). Pola elektromagnetyczne ekspozycji na zakłócenia w telefonie komórkowym na czynniki krwi u szczurów. *Journal of Biomedical Physics and Engineering, 8(3), I-VI.*

Singh, K., Nagaraj, A., Yousuf, A., Ganta, S., Pareek, S., & Vishnani, P. (2016). Wpływ promieniowania elektromagnetycznego ze stacji bazowych telefonii komórkowej na ogólny stan zdrowia i funkcje śliniankowe. *Journal of International Society of Preventive & Community Dentistry, 6(*1), 54-59.

Singh, M. M., & Pati, A. K. (2016). Wpływ promieniowania emitowanego przez stację bazową i telefon komórkowy na sen, rytm okołodobowy i poznanie u ludzi - przegląd. *Biological Rhythm Research*, *47*(3), 353-388.

Siqueira, E. C., de Souza, F. T. A., Ferreira, E., Souza, R. P., Macedo, S. C., Friedman, E., Gomez, V. M., Gomes, C. C., & Gomez, R. S. (2016). Korzystanie z telefonu komórkowego jest związane z zapalnym profilem cytokinowym śliny ślinianki przyusznej. *Journal of Oral Pathology & Medicine, 45*(9), 682-686.

Smitha, C. K., & Narayanan, N. K. (2013, sierpień). Wpływ promieniowania telefonu komórkowego na EEG. In *Advances in Computing and Communications (ICACC), 2013 Third International Conference on* (s. 111-114).

Söderqvist, F., Carlberg, M., & Hardell, L. (2012). Korzystanie z telefonów bezprzewodowych i ryzyko wystąpienia guzów gruczołu ślinianowego: badanie kontrolno-przypadkowe. *European Journal of Cancer Prevention*, 21(6), 576-579.

Taghavi-Zonuz, A., Jamali, Z., Pourzare-Mehrbani, S., Rahbar, M., Tamgaji, R. (2017). Wpływ Fali Telefonu Komórkowego i Wi-Fi na poziom elektrolitów i wskaźniki stresu oksydacyjnego śliny. *World*, *8*(5), 370-373.

Trueman, G., Tang, L., Abdel-Rahman, U., Abdel-Rahman, W., Ong, K., & Cosic, I. (2003). Aktywność ludzkich fal mózgowych podczas ekspozycji na emisję pola o częstotliwości radiowej z telefonów komórkowych. *Australazjatycka fizyka i nauki inżynieryjne w medycynie, 26*(4*)*, 162-167.

Tyagi, A., Duhan, M., & Bhatia, D. (2011). Wpływ promieniowania telefonu komórkowego na aktywność mózgu GSM Vs CDMA. *International Journal of Services Technology and Management*, *2*(2), 1-5.

Varghese, R., Majumdar, A., Kumar, G., & Shukla, A. (2018). Szczury narażone na promieniowanie niejonizujące o częstotliwości 2,45 GHz wykazują zmiany behawioralne ze zwiększoną ekspresją mózgu kaspazy apoptotycznej 3. *Pathophysiology*, *25*(1), 19-30.

Vijay, S., & Choudhary, M. P. (2017). Badanie wpływu promieniowania z ruchomych wież na zdrowie istot ludzkich. *International Research Journal of Engineering and Technology*, *4*(11), 1548-1552.

Volkow, N. D., Tomasi, D., Wang, G. J., Vaska, P., Fowler, J. S., Telang, F., Alexoff, D., Logan, J., & Wong, C. (2011). Skutki ekspozycji na sygnał o częstotliwości radiowej telefonu komórkowego na metabolizm glukozy w mózgu. *Jama*, *305*(8), 808-813.

Ward, J. F. (1988). Uszkodzenia DNA wytwarzane przez promieniowanie jonizujące w komórkach ssaków: tożsamość, mechanizmy powstawania i naprawialność. In *Progress in nucleic acid research and molecular biology* (Academic press), 35, 95-125.

WHO (Światowa Organizacja Zdrowia), (2014). Pola elektromagnetyczne i zdrowie publiczne: Telefony komórkowe. *Karta informacyjna.* nr 193. Genewa.

Wood, A. W., Loughran, S. P., & Stough, C. (2006). Czy wieczorna ekspozycja na promieniowanie z telefonów komórkowych wpływa na późniejszą produkcję melatoniny? *International journal of radiation biology*, *82*(2), 69-76.

Wyde, M. E., Horn, T. L., Capstick, M. H., Ladbury, J. M., Koepke, G., Wilson, P. F., Kissling, G.E., Stout, M.D., Kuster, N., Melnick, R.L., Gauger, J., Bucher, J.R., & McCormick, D.L. (2018). Wpływ promieniowania o częstotliwości radiowej telefonu komórkowego na temperaturę ciała u gryzoni: Pilotażowe badania systemu ekspozycji komory pogłosowej Narodowego Programu Toksykologicznego. *Bioelektromagnetyka*, 39(3), 190-199.

Yadav, A. S., & Sharma, M. K. (2008). Zwiększona częstotliwość mikrojądrowych komórek złuszczających się wśród ludzi narażonych in vivo na promieniowanie telefonu komórkowego. *Mutation Research/Genetic Toxicology and Environmental Mutagenesis*, *650*(2), 175-180.

Zamanian, A., & Hardiman, C. (2005). Promieniowanie elektromagnetyczne i zdrowie człowieka: Przegląd źródeł i skutków. *Elektronika wysokiej częstotliwości*, *4*(3), 16-26.

Zubko, O., Gould, R. L., Gay, H. C., Cox, H. J., Coulson, M. C., & Howard, R. J. (2017). Wpływ pól elektromagnetycznych emitowanych przez telefony GSM na pamięć roboczą: meta-analiza. *International journal of geriatric psychiatry*, *32*(2), 125-135.

FSC
www.fsc.org
MIX
Papier | Fördert gute Waldnutzung
FSC® C083411

Kolibri 360 GmbH
Ferdinand-Jühlke-Straße 7
99095 Erfurt, Deutschland
produktsicherheit@kolibri360.de

Druck:
CPI Druckdienstleistungen GmbH
im Auftrag der
Kolibri 360 GmbH
Ferdinand-Jühlke-Str. 7
99095 Erfurt